安徽省农村饮水安全工程
文件汇编

主　　编　孙玉明

副主编　陈　可　吴　明　王跃国

编写人员　王跃国　杜运成　王常森　时义龙
陆　柳　范鸿雁　孙少文　任　黎
许义和　桂　昭

合肥工业大学出版社

前　言

按照国家有关部署，安徽省自2005年开始实施农村饮水安全工程，2007年纳入民生工程实施范围，2010年成立了安徽省农村饮水管理总站，2012年省政府令颁布实施《安徽省农村饮水安全工程管理办法》。截至2015年底，全省累计解决了3374.4万农村居民和194.8万农村学校师生饮水安全问题，完成了农村饮水安全阶段性任务，这是安徽省农村饮水事业发展最快的时期。安徽省在2013—2015年全国农村饮水安全工程建设管理考核中取得了1次第二名、2次第三名的好成绩。在此期间，为加强农村饮水安全工程建设和管理，国家和省级相关部门出台了一系列行政法规、行业规范和政策性文件，有力地规范了全省农村饮水安全工作，取得了显著成效。“十三五”期间，安徽省将继续实施农村饮水安全巩固提升工作。

为了指导好各地农村饮水安全，巩固提升工程建设、管理和人员培训工作，总结取得的有效做法，我站决定对现行农饮政策法规进行整理、汇编，编制《安徽省农村饮水安全工程文件汇编》（以下简称《文件汇编》）。《文件汇编》分为综合管理、前期工作、建设管理、资金使用管理、运行管理、水质管理、附录等七个篇章。《文件汇编》按如下标准收集，一类是目前正在使用、行之有效的政策、制度；第二类是农饮行业规范、标准，仅给出名称列入文件汇编附录。

本书可作为农村饮水行业各级主管部门、工程规划设计人员、供水厂管理人员、乡镇水利站（所）人员的业务用书。

编　者

2016年12月

综合管理

前期工作

建设管理

资金使用管理

运行管理

水质管理

附　录

综合管理

关于加强饮用水安全保障工作的通知

（国务院办公厅　国办发〔2005〕45 号）

各省、自治区、直辖市人民政府，国务院各部委、各直属机构：

饮用水是人类生存的基本需求。党中央、国务院对饮用水安全保障工作高度重视，胡锦涛总书记、温家宝总理多次做出重要批示。近年来，中央和地方加大了城乡饮用水安全保障工作的力度，采取了一系列工程和管理措施，解决了一些城乡居民的饮水安全问题。但是，饮用水安全形势仍十分严峻，不少地区水源短缺，有的城市饮用水水源污染加重，一些农村地区饮用水存在苦咸或含有高氟、高砷及血吸虫病原体等问题，对人民群众身体健康构成严重威胁。为进一步加强饮用水安全保障工作，经国务院同意，现就有关问题通知如下：

一、充分认识保障饮用水安全的重要性和紧迫性

饮用水安全问题，直接关系到广大人民群众的健康。切实做好饮用水安全保障工作，是维护最广大人民群众根本利益、落实科学发展观的基本要求，是实现全面建设小康社会目标、构建社会主义和谐社会的重要内容，是把以人为本真正落到实处的一项紧迫任务。各地区、各部门要从实践“三个代表”重要思想和执政为民的高度，充分认识保障饮用水安全的重要性和紧迫性。地方各级人民政府要加强领导，把这项工作纳入重要议事日程，建立领导责任制，切实抓好各项措施的落实。各有关部门要各司其职，密切配合，加大工作力度，共同做好饮用水安全保障工作。

二、认真组织规划编制工作

国务院有关部门要按照城乡统筹、合理布局、防治并重、综合治理、因地制宜、突出重点的原则，尽快组织编制全国城乡饮用水安全保障规划，进一步明确我国饮用水安全保障的目标、任务和政策措施。通过合理保护和配置水资源、大力防治水污染、开展城乡供水工程建设、建立合理水价形成机制、推行节约用水和加强监督管理等措施，优先满足饮用水需求，确保城乡居民饮用水安全。各地区要根据规划编制的统一部署和要求，认真研究本地区饮用水安全问题，结合实际提出切实可行的目标和任务，并纳入本地区经济和社会发展规划。

三、加强水资源保护和水污染防治工作

各省、自治区、直辖市要以保障饮用水水源安全为重点，进一步加大水资源保护和水污染防治工作力度。要依法严格实施饮用水水源保护区制度，合理确定饮用水水源保护区，严格禁止破坏涵养林和水资源保护设施的行为，因地制宜地进行水源安全防护、生态修复和水源涵养等工程建设。要大力治理污染，严格实行污染物排放总量控制，严厉打击违法排污行为，积极推进循环经济，加快推行清洁生产。各地区要结合实际。定期开展对集中饮用水水源保护区的检查，对查出的问题要进行专项整治并挂牌督办。对违法违规建设的项目，要责令停建并限期治理整顿或拆除；对排污超标的企业和单位，要责令限期达标排放或搬迁。要积极开展农业面源污染防治，指导农户合理施用化肥、农药，严禁使用高毒、高残留农药，推广水产生态养殖，推进畜禽粪便和农作物秸秆的资源化利用。

四、加大农村饮用水工程建设力度

进一步加大解决农村饮用水安全问题的工作力度。采取集中供水、分质供水、分散供水以及农村卫生环境整治等工程措施，重点解决高氟、高砷、苦咸和污染水以及严重缺水地区的饮用水安全问题。中央继续安排农村饮用水工程建设投资，对中西部地区重点扶持。地方各级人民政府要积极筹措资金，加大投入力度。东部较发达地区要率先解决农村饮用水安全问题，有条件的地方要尽早实现城乡统筹区域供水。要强化农村饮用水工程项目管理。切实做好前期工作，并严格按照规划要求和建设程序实施。要建立良性循环的供水管理体制和运行机制，确保工程项目充分发挥效益。

五、加快城市供水设施建设和改造

各地区要加快城市供水设施的建设和技术改造，提高供水能力，扩大供水范围。要按照多库串联、水系联网、地表水与地下水联调、优化配置水资源的原则，加快城市供水水源的建设，提高城市供水安全的保障水平。凡饮用水水源水质不符合标准的，应当提出强制性的技术措施，制订水厂技术改造规划，采用先进适用技术，改进水处理工艺。要把城市供水管网改造作为重点，优先改造漏损严重和对供水安全影响较大的管网。改善供水水质。各地区要加快城市污水处理设施的建设，加强污水处理厂的运行管理，逐步实现污水深度处理，不断提高再生水利用率。

六、加强饮用水安全监督管理

各地区要加强对饮用水水源、水厂供水和用水点的水质监测，对取水、制水、供水实施全过程管理，及时掌握城乡饮用水水源环境、供水水质状况，并定期检查。对检查不合格的供水单位，要严格按照有关规定进行查处，并督促限期整改。各供水单位要建立以水质为核心的质量管理体系，建立严格的取样、检测和化验制度，按国家有关标准和操作规程检测供水水质，并完善检测数据的统计分析和报表制度。国务院有关部门要尽快制定既符合我国国情，又与国际先进水平接轨的饮用水水质国家标准，积极开展相关检测方法和标准的制（修）订工作。

七、建立储备体系和应急机制

各省、自治区、直辖市要建立健全水资源战略储备体系，各大中城市要建立特枯年或连续干旱年的供水安全储备，规划建设城市备用水源，制订特殊情况下的区域水资源配置和供水联合调度方案。地方各级人民政府应根据水资源条件，制定城乡饮用水安全保障的应急预案。要成立应急指挥机构，建立技术、物资和人员保障系统，落实重大事件的值班、报告、处理制度，形成有效的预警和应急救援机制。当原水、供水水质发生重大变化或供水水量严重不足时，供水单位必须立即采取措施并报请当地人民政府及时启动应急预案。

2005 年 8 月 17 日

关于印发《农村饮水安全工程建设管理办法》的通知

（国家发展改革委、水利部、国家卫生计生委、
环境保护部、财政部　发改农经〔2013〕2673 号）

有关省、自治区、直辖市、新疆生产建设兵团发展改革委、水利（水务）厅（局）、卫生厅（局、卫生计生委）、环境保护厅（局）、财政厅（局）：

为进一步加强中央预算内投资农村饮水安全工程建设管理，确保工程建设质量，充分发挥投资效益，结合农村饮水安全工程特点，我们对 2007 年印发的《农村饮水安全工程建设管理办法》（发改投资〔2007〕1752 号）进行了修订。在此基础上，制定了《农村饮水安全工程建设管理办法》，现印发你们，请按照执行。

附件：农村饮水安全工程建设管理办法

2013 年 12 月 31 日

附件：

农村饮水安全工程建设管理办法

第一章 总 则

第一条 为加强农村饮水安全工程建设管理，保障农村饮水安全，改善农村居民生活和生产条件，根据《中央预算内投资补助和贴息项目管理办法》（国家发展改革委第3号令）等有关规定，制定本办法。

本办法适用于纳入全国农村饮水安全工程规划、使用中央预算内投资的农村饮水安全工程项目。

第二条 纳入全国农村饮水安全工程规划解决农村饮水安全问题的范围为有关省（自治区、直辖市）县（不含县城城区）以下的乡镇、村庄、学校，以及国有农（林）场、新疆生产建设兵团团场和连队饮水不安全人口。因开矿、建厂、企业生产及其他人为原因造成水源变化、水量不足、水质污染引起的农村饮水安全问题，按照“污染者付费、破坏者恢复”的原则由有关责任单位和责任人负责解决。

第三条 农村饮水安全保障实行行政首长负责制，地方政府对农村饮水安全负总责，中央给予指导和资金支持。

“十二五”期间，要按照国务院批准的《全国农村饮水安全工程“十二五”规划》和国家发展改革委、水利部、卫生计生委、环境保护部与各有关省（自治区、直辖市）人民政府、新疆兵团签订的农村饮水安全工程建设管理责任书要求，全面落实各项建设管理任务和责任，认真组织实施，确保如期实现规划目标。

第四条 农村饮水安全工程建设应当按照统筹城乡发展的要求，优化水资源配置，合理布局，优先采取城镇供水管网延伸或建设跨村、跨乡镇联片集中供水工程等方式，大力发展规模集中供水，实现供水到户，确保工程质量和效益。

第五条 各有关部门要在政府的统一领导下，各负其责，密切配合，共同做好农村饮水安全工作。发展改革部门负责农村饮水安全工程项目审批、投资计划审核下达等工作，监督检查投资计划执行和项目实施情况。财政部门负责审核下达预算、拨付资金、监督管理资金、审批项目竣工财务决算等工作，落实财政扶持政策。水利部门负责农村饮水安全工程项目前期工作文件编制审查等工作，组织指导项目的实施及运行管理，指导饮用水水源保护。卫生计生部门负责提出地氟病、血吸虫疫区及其他涉水重病区等需要解决饮水安全问题的范围，有针对性地开展卫生学评价和项目建成后的水质监测等工作，加强卫生监督。环境保护部门负责指导农村饮用水水源地环境状况调查评估和环境监管工作，督促地方把农村饮用水水源地污染防治作为重点流域水污染防治、地下水污染防治、江河湖泊生态环境保护项目以及农村环境综合整治“以奖促治”政策实施的重点优先安排，统筹解决污染型水源地水质改善问题。

第六条　农村饮水安全工程建设标准和工程设计、施工、建设管理，应当执行国家和省级有关技术标准、规范和规定。工程使用的管材和设施设备应当符合国家有关产品质量标准及有关技术规范的要求。

第二章　项目前期工作程序和投资计划管理

第七条　农村饮水安全项目区别不同情况由地方发展改革部门审批或核准。对实行审批制的项目，项目审批部门可根据经批准的农村饮水安全工程规划和工程实际情况，合并或减少某些审批环节。对企业不使用政府投资建设的项目，按规定实行核准制。

各地的项目审批（核准）程序和权限划分，由省级发展改革委商同级水利等部门按照国务院关于推进投资体制改革、转变政府职能、减少和下放投资审批事项、提高行政效能的有关原则和要求确定。项目建设涉及占地和需要开展环境影响评价等工作的，按规定办理。

第八条　各地要严格按照现行相关技术规范和标准，认真做好农村饮水安全工程勘察设计工作，加强水利、卫生计生、环境保护、发展改革等部门间协商配合，着力提高设计质量。工程设计方案应当包括水源工程选择与防护、水源水量水质论证、供水工程建设、水质净化、消毒以及水质检测设施建设等内容。其中，日供水 1000 立方米或供水人口 1 万人以上的工程（以下简称“千吨万人”工程），应当建立水质检验室，配置相应的水质检测设备和人员，落实运行经费。

农村饮水安全工程规划设计文件应由具有相应资质的单位编制。

第九条　农村饮水安全工程应当按规定开展卫生学评价工作。

第十条　根据规划确定的建设任务、各项目前期工作情况和年度申报要求，各省级发展改革、水利部门向国家发展改革委和水利部报送农村饮水安全项目年度中央补助投资建议计划。

第十一条　国家发展改革委会同水利部对各省（自治区、直辖市）和新疆兵团提出的建议计划进行审核和综合平衡后，分省（自治区、直辖市）下达中央补助地方农村饮水安全工程项目年度投资规模计划，明确投资目标、建设任务、补助标准和工作要求等。

中央补助地方农村饮水安全工程项目投资为定额补助性质，由地方按规定包干使用、超支不补。

第十二条　中央投资规模计划下达后，各省级发展改革部门要按要求及时会同省级水利部门将计划分解安排到具体项目，并将计划下达文件抄送国家发展改革委、水利部备核。分解下达的投资计划应明确项目建设内容、建设期限、建设地点、总投资、年度投资、资金来源及工作要求等事项，明确各级地方政府出资及其他资金来源责任，并确保纳入计划的项目已按规定履行完成各项建设管理程序。项目分解安排涉及财政、卫生计生、环境保护等部门工作的，应及时征求意见和加强沟通协商。

在中央下达建设总任务和补助投资总规模内，各具体项目的中央投资补助标准由各地根据实际情况确定。

第三章　资金筹措与管理

第十三条　农村饮水安全工程投资，由中央、地方和受益群众共同负担。中央对东、中、西部地区实行差别化的投资补助政策，加大对中西部等欠发达地区的扶持力度。地方投资落实由省级负总责。入户工程部分，可在确定农民出资上限和村民自愿、量力而行的前提下，引导和组织受益群众采取“一事一议”筹资筹劳等方式进行建设。

鼓励单位和个人投资建设农村供水工程。

第十四条　中央安排的农村饮水安全工程投资要按照批准的项目建设内容、规模和范围使用。要建立健全资金使用管理的各项规章制度，严禁转移、侵占和挪用工程建设资金。

各地可在地方资金中适当安排部分经费，用于项目审查论证、技术推广、人员培训、检查评估、竣工验收等前期工作和管理支出。

第十五条　解决规划外受益人口饮水安全问题、提高工程建设标准以及解决农村安全饮水以外其他问题所增加的工程投资由地方从其他资金渠道解决。对中央补助投资已解决农村饮水安全问题的受益区，如出现反复或新增的饮水安全问题，由地方自行解决。

第四章　项目实施

第十六条　农村饮水安全项目管理实行分级负责制。要通过层层落实责任制和签订责任书，把地方各级政府农村饮水安全保障工作的领导责任、部门责任、技术责任等落实到人，并加强问责，确保农村饮水安全工程建得成、管得好、用得起、长受益。

第十七条　农村饮水安全工程建设实行项目法人责任制。对“千吨万人”以上的集中供水工程，要按有关规定组建项目建设管理单位，负责工程建设和建后运行管理；其他规模较小工程，可在制定完善管理办法、确保工程质量的前提下，采用村民自建、自管的方式组织工程建设，或以县、乡镇为单位集中组建项目建设管理单位，负责全县或乡镇规模以下农村饮水安全工程建设管理。

鼓励推行农村饮水安全工程“代建制”，通过招标等方式选择专业化的项目管理单位负责工程建设实施，严格控制项目投资、质量和工期，竣工验收后移交给使用单位。

第十八条　加强项目民主管理，推行用水户全过程参与工作机制。农村饮水安全工程建设前，要进行广泛的社区宣传，就工程建设方案、资金筹集办法、工程建成后的管理体制、运行机制和水价等充分征求用水户代表的意见，并与受益农户签订工程建设与管理协议，协议应作为项目申报的必备条件和开展建设与运行管理的重要依据。工程建设中和建成后，要有受益农户推荐的代表参与监督和管理。

第十九条　农村饮水安全工程投资计划和项目执行过程中确需调整的，应按程序报批或报备。对重大设计变更，须报原设计审批单位审批；一般设计变更，由项目法人组织参建各方及有关专家审定，并将设计变更方案报县级项目主管部门备案。重大设计变更和一般设计变更的范围及标准由省级水利部门制定。

因设计变更等各种原因引起投资计划重大调整的，须报该工程原审批部门审核批准。

第二十条　各地要根据农村饮水安全项目特点，建立健全行之有效的工程质量管理制度，落实责任，加强监督，确保工程质量。

第二十一条　国家安排的农村饮水安全项目要全部进行社会公示。省级公示可通过政府网站、报刊、广播、电视等方式进行，市（地）、县两级的公示方式和内容由省级发展改革和水利部门确定。乡、村级公示在施工现场和受益乡村进行，内容应包括项目批复文件名称、文号，工程措施、投资规模、资金来源、解决农村饮水安全问题户数、人数及完成时间、水价核算、建后管理措施等。

第二十二条　项目建设完成后，由地方发展改革、水利部门商卫生计生等部门及时共同组织竣工验收。省级验收总结报送水利部。验收结果将作为下年度项目和投资安排的重要依据之一。对未按要求进行验收或验收不合格的项目，要限期整改。

第五章　建后管理

第二十三条　农村饮水安全工程项目建成，经验收合格后要及时办理交接手续，明晰工程产权，明确工程管护主体和运行管理方式，完善管理制度，落实管护责任和经费，确保长期发挥效益。以政府投资为主兴建的规模较大的集中供水工程，由按规定组建的项目法人负责管理；以政府投资为主兴建的规模较小的供水工程，可由工程受益范围内的农民用水户协会负责管理；单户或联户供水工程，实行村民自建、自管。由政府授予特许经营权、采取股份制形式或企业、私人投资修建的供水工程形成的资产归投资者所有，由按规定组建的项目法人负责管理。

在不改变工程基本用途的前提下，农村饮水安全工程可实行所有权和经营权分离，通过承包、租赁等形式委托有资质的专业管理单位负责管理和维护。对采用工程经营权招标、承包、租赁的，政府投资部分的收益应继续专项用于农村饮水工程建设和管理。

第二十四条　农村饮水安全工程水价，按照“补偿成本、公平负担”的原则合理确定，根据供水成本、费用等变化，并充分考虑用水户承受能力等因素适时合理调整。有条件的地方，可逐步推行阶梯水价、两部制水价、用水定额管理与超定额加价制度。对二、三产业的供水水价，应按照“补偿成本、合理盈利”的原则确定。

水费收入低于工程运行成本的地区，要通过财政补贴、水费提留等方式，加快建立县级农村饮水安全工程维修养护基金，专户存储，统一用于县域内工程日常维护和更新改造。

第二十五条　各地原则上应以县为单位，建立农村饮水安全工程管理服务机构，建立健全供水技术服务体系和水质检测制度，加强水质检测和工程监管，提供技术和维修服务，保障工程供水水量和水质达标。要全面落实工程用电、用地、税收等优惠政策，切实加强工程运行管理，降低工程运行成本。加强农村饮水安全工程从业人员业务培训，提高工程运行管理水平，保障工程良性运行。

第二十六条　各级水利、环境保护等部门要按职责做好农村饮水安全工程水源保护和监管工作，针对集中式和分散式饮用水水源地的不同特点，依法划定水源保护区或水源保护范围，设置保护标志，明确保护措施，加强污染防治，稳步改善水源地水质状况。

农村饮水安全工程管理单位负责水源地的日常保护管理，要实现工程建设和水源保护“两同时”，做到“建一处工程，保护一处水源”；加强宣传教育，积极引导和鼓励公众参与水源保护工作；确保水源地管理和保护落实到人，责任落实到位。

第二十七条　各级水利、卫生计生、环境保护、发展改革等部门要加强信息沟通，及时向其他部门通报各自掌握的农村饮水安全工程建设和项目建成后的供水运行管理情况。

第六章　监督检查

第二十八条　各省级发展改革、水利部门要会同有关部门全面加强对本省农村饮水安全工程项目的监督和检查。检查内容包括组织领导、相关管理制度和办法制定、项目进度、工程质量、投资管理使用、合同执行、竣工验收和工程效益发挥情况等。

中央有关部门对各地农村饮水安全工程实施情况进行指导和监督检查，视情况组织开展专项评估、随机抽查、重点稽查、飞行检查等工作，建立健全通报通告、年度考核和奖惩制度，引导各地合理申报和安排项目，强化管理，不断提高政府投资效率和效益。

第七章　附　则

第二十九条　本办法由国家发展改革委商水利部、卫生计生委、环境保护部、财政部负责解释。各地可根据本办法，结合当地实际，制定实施细则。

第三十条　本办法自发布之日起施行，原《农村饮水安全项目建设管理办法》（发改投资〔2007〕1752 号）同时废止。

安徽省农村饮水安全工程管理办法

（省人民政府令第238号 2012年2月29日颁布）

第一章 总 则

第一条 为了加强农村饮水安全工程管理，保障农村饮水安全，改善农村居民的生活和生产条件，推进社会主义新农村建设，根据《中华人民共和国水法》等有关法律、法规，结合本省实际，制定本办法。

第二条 本办法所称农村饮水安全工程，是指列入国家和省农村饮水安全规划，以解决农村居民和农村中小学师生饮水安全为主要目标的供水工程，包括集中供水工程和分散供水工程。

农村饮水安全工程包括取水设施、水厂、泵站、公共输配水管网以及相关附属设施。

第三条 农村饮水安全工程是公益性基础设施，其建设和管理应当遵循因地制宜、统筹城乡、分类指导、多措并举的原则。

鼓励单位和个人参与投资建设、经营农村饮水安全工程。

鼓励有条件的地区向农村延伸城镇公共供水管网，发展城乡一体化供水。

第四条 县级以上人民政府应当将农村饮水安全保障事业纳入国民经济和社会发展规划，统一编制专项规划，健全管理体制，落实扶持措施，实行规范运行，保障饮水安全。

第五条 县级人民政府是农村饮水安全的责任主体，对农村饮水安全保障工作负总责。

县级以上人民政府水行政主管部门是本行政区域内农村饮水安全工程的行业主管部门，负责农村饮水安全工程的行业管理和业务指导。

县级以上人民政府发展改革、财政、卫生、环境保护、价格、住房城乡建设、国土资源等行政主管部门应当按照各自职责，负责农村饮水安全的相关工作。

乡（镇）人民政府应当配合县级人民政府水行政主管部门做好农村饮水安全的相关工作。

第六条 任何单位和个人都有保护农村饮用水水源、农村饮水安全工程设施的义务，有权制止、举报污染农村饮用水水源、损毁农村饮水安全工程设施的违法行为。

第七条 在农村饮水安全工程建设和运行管理等方面做出显著成绩的单位和个人，由县级以上人民政府或者有关部门予以表彰。

第二章 规划与建设

第八条 县级以上人民政府水行政主管部门应当会同发展改革、卫生等行政主管部门编制农村饮水安全工程规划，报本级人民政府批准后组织实施。

编制农村饮水安全工程规划，应当统筹城乡经济社会发展，优先建设规模化集中供水工程，提高供水工程规模效益。

经批准的农村饮水安全工程规划需要修改的，应当按照本条第一款规定的程序报经批准。

第九条 以国家投资为主的农村饮水安全工程，建设单位由县级人民政府确定。

日供水1000立方米以上或者供水人口1万人以上的农村饮水安全工程，按照基本建设程序进行建设和管理，其他工程参照基本建设程序进行建设和管理。

农村饮水安全工程入户部分，由农村居民自行筹资，建设单位或者供水单位统一组织施工建设。

第十条 农村饮水安全工程开工前，建设单位应当在主体工程所在地公示工程规模、国家投资计划或者财政补助份额、受益农村居民承担费用、工程建设概况、建设工期等内容。

第十一条 农村饮水安全工程的勘察、设计、施工和监理，应当符合国家有关技术标准和规范；工程使用的原材料和设施设备等，应当符合国家产品质量标准。

农村饮水安全工程的勘察、设计、施工和监理，应当由具备相应资质的单位来承担。

第十二条 农村饮水安全工程竣工后，应当按照国家和省有关规定进行验收。未经验收或者经验收不合格的，不得投入使用。

国家投资的农村饮水安全工程验收合格后，县级人民政府应当组织有关部门及时进行清产核资，明晰工程所有权、管理权与经营权，并办理资产交接手续。

第十三条 农村饮水安全工程按照下列规定确定所有权：

（一）国家投资建设的集中供水工程，其所有权归国家所有；

（二）国家、集体、个人共同投资建设的集中供水工程，其所有权由国家、集体、个人按出资比例共同所有；

（三）国家补助、社会资助、农村居民建设的分散供水工程，其所有权归农村居民所有。

前款第一项规定的农村饮水安全工程，可以依法通过承包、租赁等形式转让工程经营权，转让经营权所得收益实行收支两条线管理，专项用于农村饮水安全工程的建设和运行管理。

第三章 供水与用水

第十四条 农村饮水安全工程可以按照所有权和经营权分离的原则，由所有权人确定经营模式和经营者（以下称供水单位）。所有权人与供水单位应当依法签订合同，明确双方的权利和义务。

国家投资的农村饮水安全工程，由县级人民政府委托水行政主管部门或者乡（镇）人民政府行使国家所有权。

鼓励组建区域性、专业化供水单位，对农村饮水安全工程实行统一经营管理。

第十五条　供水单位应当具备下列条件：

（一）符合规范的制水工艺；

（二）依法取得取水许可证和卫生许可证；

（三）供水水质符合国家生活饮用水卫生标准；

（四）直接从事供水管水的从业人员须经专业培训、健康检查，持证上岗；

（五）建立水源水、出厂水、管网末梢水水质定期检测制度，并向市、县人民政府卫生行政主管部门和水行政主管部门报告检测结果；

（六）法律、法规和规章规定的其他条件。

日供水 1000 立方米以上或者供水人口 1 万人以上的集中供水工程，供水单位应当设立水质检验室，配备仪器设备和专业检验人员，负责供水水质的日常检验工作。

供水单位不符合本条第一款、第二款规定条件的，县级人民政府水行政主管部门应当督促并指导供水单位限期整改，有关部门应当给予技术指导。供水单位在整改期间应当采取应急供水措施。

第十六条　供水单位应当按照工程设计的水压标准，保持不间断供水或者按照供水合同分时段供水。因工程施工、设备维修等确需暂停供水的，应当提前 24 小时告知用水单位和个人，并向所在地县级人民政府水行政主管部门备案。

供水设施维修时，有关单位和个人应当给予支持和配合。暂停供水时间超过 24 小时的，供水单位应当采取应急供水措施。

第十七条　供水单位应当加强对农村饮水安全工程供水设施的管理和保护，定期进行检测、养护和维修，保障供水设施安全运行。

第十八条　供水单位应当建立规范的供水档案管理制度。水源变化记录、水质监测记录、设备检修记录、生产运行报表和运行日志等资料应当真实完整，并有专人管理。

第十九条　供水单位应当建立健全财务制度，加强财务管理，接受有关部门对供水水费收入、使用情况的监督检查。

供水单位应当在营业场所公告国家和省有关农村饮水安全工程建设和运行管理的政策措施，并定期公布水价、水量、水质、水费收支情况。

第二十条　鼓励供水单位使用自动化控制系统、信息管理系统和节水的技术、产品和设备，降低工程运行成本，提高供水的安全保障程度。

第二十一条　农村饮水安全工程供水价格，按照补偿成本、保本微利、节约用水、公平负担的原则，由市、县人民政府确定。

第二十二条　供水单位应当与用水单位和个人签订供水用水合同，明确双方的权利和义务。

供水单位应当在供水管道入户处安装质量合格的计量设施，并按照规定的时间抄表收费。

用水单位和个人应当保证入户计量设施的正常使用，并按时交纳水费。

第二十三条　用水单位和个人需要安装、改造用水设施的，应当征得供水单位同意。

任何单位和个人不得擅自在农村饮水安全工程输配水管网上接水，不得擅自向其他单位和个人转供用水。

第四章　安全管理

第二十四条　县级以上人民政府应当划定本行政区域内农村饮水安全工程水源保护区。水源保护区由县级人民政府环境保护行政主管部门会同水、国土资源、卫生等行政主管部门提出划定方案，报本级人民政府批准后公布；跨县级行政区域的水源保护区，应当由有关人民政府共同商定，并报其共同的上一级人民政府批准后公布。

县级人民政府环境保护行政主管部门应当在水源保护区的边界设立明确的地理界标和明显的警示标志。

第二十五条　任何单位和个人不得在农村饮水安全工程水源保护区从事下列活动：

（一）以地表水为水源的，在取水点周围500米水域内，从事捕捞、养殖、停靠船只等可能污染水源的活动；在取水点上游500米至下游200米水域及其两侧纵深各200米的陆域，排入工业废水和生活污水或者在沿岸倾倒废渣、生活垃圾。

（二）以地下水为水源的，在水源点周围50米范围内设置渗水厕所、渗水坑、粪坑、垃圾场（站）等污染源。

（三）以泉水为供水水源的，在保护区范围内开矿、采石、取土。

（四）其他可能破坏水源或者影响水源水质的活动。

第二十六条　县级人民政府水行政主管部门应当划定农村饮水安全工程设施保护范围，经本级人民政府批准后予以公布。供水单位应当在保护范围内设置警示标志。

第二十七条　在农村饮水安全工程设施保护范围内，禁止从事下列危害工程设施安全的行为：

（一）挖坑、取土、挖砂、爆破、打桩、顶进作业；

（二）排放有毒有害物质；

（三）修建建筑物、构筑物；

（四）堆放垃圾、废弃物、污染物等；

（五）从事危害供水设施安全的其他活动。

在农村饮水安全工程供水主管道两侧各1.5米范围内，禁止从事挖坑取土、堆填、碾压和修建永久性建筑物、构筑物等危害农村饮水安全工程的活动。

第二十八条　在农村饮水安全工程的沉淀池、蓄水池、泵站外围30米范围内，任何单位和个人不得修建畜禽饲养场、渗水厕所、渗水坑、污水沟道以及其他生活生产设施，不得堆放垃圾。

第二十九条　任何单位和个人不得擅自改装、迁移、拆除农村饮水安全工程供水设施，不得从事影响农村饮水安全工程供水设施运行安全的活动。确需改装、迁移、拆除农村饮水安全工程供水设施的，应当在施工前15日与供水单位协商一致，落实相应措施，涉及供水主体工程的，应当征得所在地县级人民政府水行政主管部门同意。造成供水设施损坏的，责任单位或者个人应当依法赔偿。

第三十条　县级以上人民政府环境保护、卫生和水行政主管部门应当按照职责分工，加强对农村饮水安全工程供水水源、供水水质的保护和监督管理，定期组织有关监测机构对水源地、出厂水质、管网末梢水质进行化验、检测，并公布结果。

前款规定的水质化验、检测所需费用由本级财政承担，不得向供水单位收取。

第三十一条　县级人民政府水行政主管部门应当会同有关部门制定农村饮水安全保障应急预案，报本级人民政府批准后实施。

供水单位应当制定供水安全运行应急预案，报县级人民政府水行政主管部门备案。

因环境污染或者其他突发事件造成供水水源水质污染的，供水单位应当立即停止供水，启动供水安全运行应急预案，并及时向所在地县级人民政府环境保护、卫生和水行政主管部门报告。

第五章　扶持措施

第三十二条　市、县级人民政府负责落实农村饮水安全工程运行维护专项经费。

运行维护专项经费主要来源：市、县级财政预算安排资金，通过承包、租赁等方式转让工程经营权的所得收益等。

第三十三条　市、县级人民政府应当将农村饮水安全工程建设用地作为公益性项目纳入当地年度建设用地计划，优先安排，保障土地供应。

农村饮水安全工程建设项目，可以依法使用集体建设用地。涉及农用地的，应当依法办理农用地转用审批手续。

第三十四条　企业投资农村饮水安全工程的经营所得，依法免征、减征企业所得税。

农村饮水安全工程建设、运行的其他税收优惠，按照国家和省有关规定执行。

第三十五条　农村饮水安全工程运行用电执行农业生产用电价格。

第六章　法律责任

第三十六条　违反本办法规定，供水单位擅自停止供水或者未履行停水通知义务，以及未按照规定检修供水设施或者供水设施发生故障后未及时组织抢修的，由县级以上人民政府水行政主管部门责令改正，可以处2000元以上5000元以下的罚款；发生水质污染未立即停止供水、及时报告的，责令改正，可以处5000元以上1万元以下的罚款。

违反本办法规定，供水单位的供水水质不符合国家规定的生活饮用水卫生标准的，由县级以上人民政府卫生行政主管部门责令改正，并依据有关法律、法规和规章的规定予以处罚。

第三十七条　违反本办法规定，有下列行为之一的，由县级以上人民政府水行政主管部门责令停止违法行为，限期改正，可以处2000元以上1万元以下的罚款：

（一）擅自改装、迁移、拆除农村饮水安全工程供水设施的；

（二）擅自在农村饮水安全工程输配水管网上接水或者擅自向其他单位和个人转供用水的。

第三十八条　违反本办法第二十五条第一项至第三项规定的，由县级以上人民政府水行政主管部门责令停止违法行为，限期改正，可以处5000元以上2万元以下的罚款。

第三十九条　违反本办法第二十七条第一款第一项至第四项、第二款规定的，由县级以上人民政府水行政主管部门责令停止违法行为，限期改正，可以处1000元以上5000元以下的罚款；造成农村饮水安全工程设施损坏的，依法承担赔偿责任。

第四十条　违反本办法规定，在农村饮水安全工程的沉淀池、蓄水池、泵站外围30米范围内修建畜禽饲养场、渗水厕所、渗水坑、污水沟道以及其他生活生产设施，或者堆放垃圾的，由县级以上人民政府水行政主管部门责令停止违法行为，限期改正，可以处5000元以上2万元以下的罚款。

第四十一条　违反本办法有关农村饮水安全工程建设管理规定的，由有关主管部门责令限期改正，并按照有关法律、法规和规章的规定予以处罚。

第四十二条　各级人民政府及有关部门的工作人员在农村饮水安全工程建设和管理工作中，有滥用职权、徇私舞弊、玩忽职守情形的，依法给予行政处分；构成犯罪的，依法追究刑事责任。

第七章　附　则

第四十三条　本办法下列用语的含义：

（一）集中供水工程，是指以乡（镇）或者村为单位，从水源地集中取水，经净化和消毒，水质达到国家生活饮用水卫生标准后，利用输配水管网统一输送到用户或者集中供水点的供水工程。

（二）分散供水工程，是指以户为单位或者联户建设的供水工程。

第四十四条　本办法自2012年5月1日起施行。

转发国务院办公厅关于加强饮用水安全保障工作的通知

（省人民政府办公厅　皖政办〔2005〕51号）

各市、县人民政府，省政府各部门、各直属机构：

经省政府同意，现将《国务院办公厅关于加强饮用水安全保障工作的通知》转发给你们，并结合我省实际，提出如下意见，请一并贯彻落实。

一、高度重视饮用水安全保障工作

饮用水安全问题，直接关系到广大人民群众的健康。各地、各有关部门要从实践“三个代表”重要思想、以人为本和执政为民的高度，加强领导，精心组织，认真开展规划编制、水资源保护、水污染防治、水工程建设等工作，切实解决饮用水安全问题。

二、认真组织实施农村饮用水安全工程

目前，我省农村饮用水工作的重点应及时转向保障饮用水安全上来。要按照统筹规划、分步实施，因地制宜、合理布局，防治并重、综合治理的原则，用5～8年时间，切实解决全省农村饮用水安全问题。要在认真落实各级财政配套资金的基础上，通过“政策带动、社会联动”等方式，多层次、多渠道筹集工程建设资金。要积极推进农村饮用水安全工程的投融资体制改革，运用市场化机制，大力吸引社会投资。要强化工程建设与管理，落实责任制，加强质量检查，严格验收程序，确保工程质量。要进一步深化改革，逐步建立适应市场要求、符合农村实际、产权归属明确、管理主体到位、责权利相统一的水工程管理体制、运行机制和社会化服务保障体系，提高工程效益。

三、切实加强城镇供水安全

各地要于2006年年底前完成城市供水、节约用水、排水专业规划的编制、修订工作，并纳入城市经济和社会发展规划。要认真贯彻《淮河流域水污染防治暂行条例》和《安徽省城镇生活饮用水水源环境保护条例》，切实加大水资源保护和水污染防治工作力度，严格执行饮用水水源保护区制度，依法严惩污染和破坏饮用水水源环境的行为。今年底前要全面完成饮用水水源保护区划定工作，定期检查集中式供水水源保护区水质情况，定期公布水源环境质量监测结果，加强城镇供水安全监督管理，加大城镇污水、垃圾集中处理

设施建设力度，保护城镇供水水源。要进一步加快城镇供水设施建设和技术改造，提高供水水质，扩大供水能力。要抓紧建设城市备用水源，加快应急供水设施建设，积极开展“节水型城市”创建活动，把节水工作落到实处。要制定城乡饮用水安全保障应急预案，建立健全城市供水安全保障体系。

2005 年 10 月 24 日

转发关于进一步加强农村饮水安全工作的通知

（省水利厅、省发展改革委、省财政厅、省卫生计生委、
省环境保护厅　皖水农函〔2015〕1000号）

各市水利（水务）局、发展改革委、财政局、卫生局（卫生计生委）、环境保护局：

现将水利部、国家发展改革委、财政部、国家卫生计生委、环境保护部《关于进一步加强农村饮水安全工作的通知》（水农〔2015〕252号）转发给你们，并结合我省实际提出如下要求，请各地认真贯彻执行。

一、进一步提高对农村饮水安全工作认识

农村饮水安全工程是一项群众期盼、社会关注的民生工程，国务院庄严承诺今年再解决6000万农村人口的饮水安全问题，相关领导多次对农村饮水安全工作做出重要批示。今年以来，国家有关部委已就农村饮水安全工作召开四次视频会、现场会，加强调度，狠抓落实。今年我省农村饮水安全建设任务繁重，任务量居全国第二位。各级政府相关部门要充分认识保障农村饮水安全的重要性、紧迫性和艰巨性，落实责任、密切协作、形成合力，共同做好农村饮水安全工作。

二、进一步加快推进农饮工程建设

根据年初确定的省级农饮工程进度计划，8月底前要完成主体工程建设，10月底前全部完工并通水。目前，全省农村饮水安全工程建设总体进展顺利，但也存在进度不平衡的问题，有的市县已完成投资90%以上，有的完成还不到一半。还有几处规模水厂刚刚开工，进度缓慢，个别项目到现在还未开工，与我省年初确定的目标要求相差甚远，严重影响了全省农村饮水安全工作。各级政府有关部门要切实采取措施，通过通报、约谈、挂牌督办、现场督导等方式，进一步推进农饮工程建设，对进度严重滞后的相关责任人员要严肃问责。

三、进一步加强区域水质检测能力建设

今年我省共开展80个县级农村饮水安全工程水质检测能力建设，按国家要求应与农村饮水安全工程同步完成。目前，各地建设方案审查审批已完成，正在开展招投标工作，但水质检测设备招标进展总体较慢，目前仅有2个市进行了招标挂网，没有达到年初制定的时序进度要求。各级水行政主管部门要积极协调财政部门，尽快安排仪器设备招标采

购，确保按时完成水质检测能力建设任务，同时还要保证检测人员按时上岗到位，并加强人员培训，使检测中心尽快投入正常运行。

四、进一步重视建后管护工作

农村饮水安全工程建后管护是工程长期安全运行的保障，各地要积极探索建立适合本地区特点的农饮工程管理体制机制。要逐一明晰工程产权，落实管护主体、责任和经费，健全运行管理制度。要建立合理的水价形成机制，规模水厂应积极推行“基本水价+计量水价”的两部制水价，对引山泉水等小型农饮工程可推行用水合作组织。此外，还要进一步完善县级农村饮水安全工程维修养护基金制度，建立奖惩机制，促进工程良性运行。

五、进一步做好“十三五”规划前期准备工作

按照水利部统一部署，我省正在开展全省农村饮水现状与需求调查工作，本次调查成果将是各地“十三五”或更长一段时期内农村饮水相关规划的重要依据。我厅已通过选取典型县、召开座谈会等方式指导各地开展工作。各级水行政主管部门要高度重视，周密部署，广泛征求相关部门及乡镇、村的意见，安排专门力量把调查工作做细做实，并在规定的时间内上报调查成果。

2015 年 8 月 12 日

转发《关于水利建设扶贫工程的实施意见》的通知

（省水利厅　皖水农函〔2016〕215号）

各市、县（市、区）水利（水务）局，厅直属有关单位：

为贯彻省委、省政府关于打赢脱贫攻坚战的战略部署，省政府办公厅以皖政办〔2016〕5号文印发了《安徽省人民政府办公厅印发关于异地扶贫搬迁工程实施意见等五个脱贫攻坚配套文件的通知》，其中《关于水利建设扶贫工程的实施意见》是五个文件之一。现将该意见转发给你们，请各市、县（市、区）、厅直属有关单位结合本地、本单位实际认真贯彻落实。

2016年2月25日

关于易地扶贫搬迁工程实施意见等五个脱贫攻坚配套文件的通知

（省人民政府办公厅　皖政办〔2016〕5号）

各市、县人民政府，省政府各部门、各直属机构：

《关于易地扶贫搬迁工程的实施意见》《关于水利建设扶贫工程的实施意见》《关于贫困地区农村电网改造升级工程的实施意见》《关于加快推进贫困户危房改造的实施意见》《关于生态保护脱贫工程的实施意见》已经省政府同意，现印发给你们，请结合实际，认真贯彻执行。

2016年1月25日

关于水利建设扶贫工程的实施意见

为贯彻落实《中共安徽省委安徽省人民政府关于坚决打赢脱贫攻坚战的决定》（皖发〔2015〕26号）精神，大力实施水利建设扶贫工程，制定本实施意见。

一、总体要求

根据省委、省政府坚决打赢脱贫攻坚战的总体部署，实行“三年集中攻坚、两年巩固提升”，在政策、资金等方面重点向贫困地区倾斜，进一步加快贫困地区防洪、排涝、水资源配置工程等水利基础设施建设，着力完善区域防洪减灾体系，到2020年，扭转贫困地区水利发展滞后局面，贫困地区水利基础设施公共服务水平力争达到全省平均水平，为贫困地区脱贫致富、全面建成小康社会提供水利支撑与保障。

二、重点任务

（一）全力推进贫困人口饮水安全工程建设。采取以“集中式供水为主，分散式供水为辅”的方式，全面解决建档立卡贫困村、贫困户的饮水安全问题，2018年底前实现3000个贫困村村村通自来水。在贫困村、贫困户用水现状与需求调查摸底的基础上，尽快制订省级和县级农村饮水安全巩固提升工程精准扶贫实施方案，并将实施内容全部纳入农村饮水安全巩固提升工程“十三五”规划。积极争取水利部、国家发展改革委等部委支持，在年度实施计划中对贫困人口优先安排农村饮水安全巩固提升工程，通过新建、扩建、配套、改造、联网等措施加以推进。对建档立卡贫困户的农村饮水安全巩固提升工程入户费用，市县可根据实际情况给予免除或优惠。强化水源保护，发展适度规模集中供水，大力提高贫困地区自来水普及率、供水保障率和水质合格率。

（二）切实加快贫困村“八小”水利工程改造提升。根据我省小型水利工程改造提升规划，对贫困村范围内的“八小”水利工程进一步调查摸底，尽快编制省级和县级“八小”一水利工程改造提升精准扶贫实施方案，优先安排贫困县及贫困村“八小”水利工程改造提升项目，力争2018年底前全部改造一遍。省级以上立项的小型农田水利建设项目县、农业综合开发中型灌区节水改造等项目优先安排到贫困地区，重点支持贫困村“八小”水利工程改造提升。

（三）大力建设贫困地区重点水利工程。加快皖北、大别山区及沿淮贫困地区重点平原洼地治理、行蓄洪区建设，以及浮河、史河河道治理等进一步治淮重点工程建设，建成下浒山水库，建设江巷水库，有序推进列入国家规划内的新建小型水库工程建设。按照水利部工作部署，有序推进贫困地区新一轮中小河流治理规划实施，加快推进贫困地区大中型灌区续建配套与节水改造工程、中型泵站改造工程建设，完成列入全国大中型险闸加固建设规划内贫困县项目建设。加快大别山区及皖南山区贫困县小水电工程建设。实施潜山县、太湖县、六安市裕安区、金寨县、石台县等5个贫困县（区）山洪沟治理项目。在利辛县、颍上县、临泉县、阜南县、寿县、霍邱县、金寨县、望江县、潜山县、太湖县、宿松县、岳西县、扬山县、灵璧县、泗县、颍东区、谯城区、涡阳县、蒙城县、怀远县、颍泉区、颍州区、界首市、萧县、太和县等25个贫困县（市、区）开展抗旱应急水源工程建设，进一步提高贫困地区抗旱水源应急保障率。

（四）着力实施贫困县水土保持工程。2020年底前，完成列入计划内的贫困县水土流失治理任务，水土流失状况得到有效遏制。2017年底前，完成国家级贫困县中列入国家重点建设工程规划的太湖县、岳西县、潜山县、六安市裕安区、舒城县、金寨县等6个县（区）和省级贫困县定远县、六安市金安区的水土保持重点儿工程建设任务，每个县（区）每年治理水土流失面积6~20平方公里；在国家安排新一轮规划项目时，争取将有水土流失治理任务的贫困县纳入规划范围。到2020年，初步建立贫困地区水土流失综合防治体系和水生态环境保护体系。

三、保障措施

（一）加强组织领导。贫困地区县级政府是实施水利建设扶贫工程的责任主体，要切实负起规划制定、资金整合、工作保障和监督管理等责任。各级水利部门要成立水利扶贫工作领导小组，由主要负责人担任组长，分管负责人任副组长，领导班子成员都要明确水利扶贫工作任务，落实办事机构和人员，精心谋划，综合施策、切实加快水利扶贫项目的组织实施。要建立贫困村的水利扶贫工作台账，逐村制订工作计划、落实建设任务，逐年验收销号。水利、发展改革、财政、扶贫等部门要加强协作，形成合力，扎实推进水利扶贫工作。

（二）加大资金投入。多渠道筹集资金，加大对贫困地区水利建设资金的支持力度。贫困县规划内农村饮水工程，严格执行国家在贫困地区安排的公益性建设项目取消县级配馨资金的政策。积极争取中央资金补助，支持贫困地区重点水利工程、水土保持等水利工程建设。对贫困地区农村公益性基础设施管理养护给予支持。指导贫困地区深化水利投融资体制改革，落实好过桥贷款、开发性金融、财政贴息等支持政策，统筹使用地方债用于贫困地区水利建设，通过PPP模式吸引社会资本投入贫困地区水利建设。

（三）完善体制机制。支持贫困地区积极创新小型水利工程建设和管护模式。对塘坝扩挖、沟渠清淤整治等凡是村组集体能自行建设的简易工程，鼓励和支持村组集体组织受益村民参与自主建设。切实加强小型水利工程管护，支持贫困村内用水户协会、灌溉合作社等农民用水合作组织建设，实现自我管理、自我发展。鼓励有条件的贫困地区积极推行农村人口安全饮用水两部制水价，建立并完善三级水质检测体系，完善农村饮水安全工程维修养护基金制度，确保农村饮水安全工程建得成、用得起、长受益。

（四）强化监督考核。各级政府要把水利建设扶贫工程完成情况纳入政府考核指标体系，层层签订目标责任书，严格实施考核。县级水利部门每年会同发展改革、财政、扶贫等部门对完成的年度计划任务及时组织验收，对验收合格的贫困村、贫困户进行销账。省级水利部门会同财政、扶贫等部门定期开展现场督查、绩效评价等工作，一旦发现问题，责令其限期整改，并与项目资金安排、评优评先等挂钩。问题严重的公开曝光，并追究有关人员责任。

前期工作

关于印发农村饮用水安全卫生评价指标体系的通知

（水利部、卫生部　水农〔2004〕547号）

各省（自治区、直辖市）水利（水务）厅（局）、卫生厅（局），新疆生产建设兵团水利局、卫生局：

近几年来，中央和地方加大了解决农村人口饮用水困难问题的力度。2000—2004年，共安排国债资金98亿元，加上各级地方政府的配套资金和群众自筹，总投入180多亿元，解决了农村5600多万人口的饮用水困难。

但是，各地反映还有一些地区的农村饮用水存在高氟、高砷、苦咸、污染及血吸虫等水质问题，严重影响着人民群众的身体健康。对此，党中央、国务院领导同志多次指出：无论有多大困难，都要想办法解决群众的饮水问题，绝不能让群众再喝高氟水；要增强紧迫感，深入调研，科学论证，提出解决方案，认真加以落实，使群众能喝上“放心水”。

为贯彻落实中央领导同志的指示精神，摸清各地存在的饮用水不安全现状，统一认识，搞好规划，水利部、卫生部根据我国农村经济发展现状和国内外对饮用水安全的基本要求，在征求各地和专家意见的基础上，制定了《农村饮用水安全卫生评价指标体系》，现予印发。

请各地严格按照《农村饮用水安全卫生评价指标体系》的规定，尽快对本地区农村饮用水安全现状进行调查摸底，为编制农村饮用水安全规划提供科学依据。

附件：农村饮用水安全卫生评价指标体系

2004年11月24日

附件：

农村饮用水安全卫生评价指标体系

农村饮用水安全卫生评价指标体系分安全和基本安全两个档次，由水质、水量、方便程度和保证率四项指标组成。四项指标中只要有一项低于安全或基本安全最低值，就不能定为饮用水安全或基本安全。

水质：符合国家《生活饮用水卫生标准》要求的为安全；符合《农村实施〈生活饮用水卫生标准〉准则》要求的为基本安全。

水量：每人每天可获得的水量不低于40～60升为安全；不低于20～40升为基本安全。根据气候特点、地形、水资源条件和生活习惯，将全国分为5个类型区，不同地区的具体水量标准可参照附表确定。

方便程度：人力取水往返时间不超过10分钟为安全；取水往返时间不超过20分钟为基本安全。

保证率：供水保证率不低于95%为安全；不低于90%为基本安全。

附表：

不同地区农村生活饮用水水量评价指标

单位：升/（人·天）

分区	一区	二区	三区	四区	五区
安全	40	45	50	55	60
基本安全	20	25	30	35	40

一区包括：新疆，西藏，青海，甘肃，宁夏，内蒙古西北部，陕西、山西黄土高原丘陵沟壑区，四川西部。

二区包括：黑龙江，吉林，辽宁，内蒙古西北部以外地区，河北北部。

三区包括：北京，天津，山东，河南，河北北部以外地区，陕西关中平原地区，山西黄土高原丘陵沟壑区以外地区，安徽、江苏北部。

四区包括：重庆，贵州，云南南部以外地区，四川西部以外地区，广西西北部，湖北、湖南西部山区，陕西南部。

五区包括：上海，浙江，福建，江西，广东，海南，安徽、江苏北部以外地区，广西西北部以外地区，湖北、湖南西部山区以外地区，云南南部。

本表不含香港、澳门和台湾地区。

关于改进中央补助地方小型水利项目投资管理方式的通知

（国家发展改革委、水利部　发改农经发〔2009〕1981号）

各省、自治区、直辖市及计划单列市、新疆生产建设兵团发展改革委（厅）、水利（水务）厅（局）：

根据《国家发展改革委关于改进和完善中央补助地方投资项目管理的通知》（发改投资〔2009〕1242号）精神，现就改进小型水利项目（农村饮水安全、水土保持、节水灌溉增效示范、牧区水利）中央补助投资管理方式的有关事项补充通知如下。

一、简化前期工作程序，规范项目管理

（一）完善工程建设规划。小型水利建设项目前期工作一般分为规划和项目实施方案两个阶段（水土保持淤地坝工程前期工作程序另行规定），上一阶段的批准文件是开展下一阶段工作的依据。规划由有关部门和地方根据各类项目的特点制定，主要明确近期工程建设目标、任务、布局、范围等内容。要健全规划体系，完善协调衔接机制，着力提高规划质量；能够以指导意见等形式引导发展的领域，可不编制规划。规划一经批准，应遵照执行；经批准的规划需要修改时，应经原批准机关同意。

（二）认真做好项目实施方案。项目实施方案由可行性研究和初步设计合并而成，达到初步设计深度；实施方案经水利部门提出审查意见后由发展改革部门审批，具体审批权限和程序由各地按照精简、高效的原则进一步明确。项目建设涉及占地和需要开展环境影响评价等工作的，由各地按照有关规定办理。

（三）落实项目前期工作经费。各地可在省级建设投资中提取不超过工程总投资2%的项目管理经费，用于审查论证、技术推广、人员培训、检查评估、竣工验收等前期工作和管理支出，不得用于人员工资、补贴、购置交通工具和楼堂馆所建设等，不足部分由各地另行安排；具体资金使用管理办法由各省级发展改革部门商同级水利部门制定并报国家发展改革委和水利部备案。

（四）规范投资计划申报和下达。根据规划确定的建设任务、各项目前期工作情况和年度申报要求，各省级发展改革、水利部门向国家发展改革委和水利部申请年度小型水利建设项目中央补助投资。国家发展改革委会同水利部对各省提出的申请进行审核和综合平衡后，分省（区、市）切块下达年度投资规模计划。在中央下达建设总任务和补助投资总规模内，各具体项目的中央投资补助标准由各地根据实际情况确定。

（五）创新工程建设管理机制。进一步明晰工程产权，加强项目民主管理，推行受益农户全过程参与的工作机制，落实管护主体和责任，实行先建机制、后建工程，促进工程良性运行和持续发挥效益。在部分具备条件的项目中推行代建制，严格控制项目投资、质量和工期，加快工程实施进度。鼓励和引导多种形式的直接和间接融资，多方筹措资金。

二、加强项目实施监测分析，做好信息报送工作

建立信息报送制度。各省级发展改革和水利部门要及时掌握本地区小型水利工程项目建设进展情况，加强信息采集和分析，从 2009 年起，于每年 7 月和次年 1 月分两次将本地区上半年和上年度小型水利工程建设情况汇总报国家发展改革委和水利部有关司。报送信息的主要内容包括项目基本情况、建设资金落实和使用管理、工程进度、投资完成、建设管理体制改革进展情况、存在问题等。同时，各地要认真研究分析项目建设中出现的新情况、新问题，总结项目建设的经验教训，提出解决问题的办法和建议，为各项政策措施制定和更好地推进项目实施提供科学依据。

三、加强组织领导，强化监督考核

（一）加强部门协调配合。各级发展改革和水利部门要按照职能分工，各负其责，密切配合，加强对小型水利建设项目中央补助投资管理方式改革和工程建设管理的组织、指导和协调，共同做好各项工作。发展改革部门负责牵头做好工程建设规划衔接平衡、项目实施方案审批、投资计划审核下达（与同级水利部门联合或会签）和建设管理监督等工作；水利部门负责牵头做好工程建设规划编制、项目实施方案编制审查、工程建设行业管理和监督检查等工作，具体组织和指导项目实施。

（二）加大监督检查力度。各省级发展改革和水利部门要加强对本地区小型水利建设项目的监督检查，进一步充分发挥和强化基层部门的管理作用，发现问题及时处理。中央将主要通过制定规划、发布项目年度申报要求、随机抽查、重点稽查、考核评估等方式进行宏观管理和监督检查，引导各地合理申报和安排项目，强化管理，不断提高政府投资效率和效益。要建立项目实施考核评价结果的反馈与整改机制，健全奖惩制度。

上述规定自本《通知》印发之日起施行，此前有关小型水利项目建设管理办法与本《通知》不一致的，按照新的规定执行。各地可根据上述原则，结合当地实际，进一步研究制定贯彻落实的具体措施。执行中的重要情况的问题，请及时反馈。

2009 年 7 月 30 日

关于尽快组织编制和审批2011年农村饮水安全工程实施方案的通知

（省发改委、省水利厅　皖发改农经函〔2011〕89号）

各市、县（市、区）发展改革委、水利（水务）局：

为加快农村饮水安全工程前期工作进度，请抓紧编制和审批所辖区域2011年农村饮水安全工程实施方案。现就有关事项通知如下：

一、编制范围

鉴于国家计划尚未下达，请在组织编制年度实施方案时优先安排原规划范围内剩余人口，投资规模可按照2010年的1.2倍控制；原规划已完成的县（市、区），可提前做好前期工作，适当安排本地“十二五”规划人口。具体实施范围可根据本地区农村饮水安全工程实施现状和村镇相关发展规划，自行掌握，并认真征求同级建设部门意见。

二、编制要求

在选择工程规模时，应优先考虑兴建千吨（万人）以上规模水厂，或在原规模水厂的基础上进行管网延伸，从严控制分户或小规模供水设施建设。

三、实施方案审批

年度实施方案审批仍按照省发展改革委、水利厅《关于转发国家发展改革委和水利部关于改进中央补助地方小型水利项目投资管理方式的通知》（皖发改农经〔2010〕27号）和《安徽省人民政府关于全面推开扩大县级经济社会管理权限工作的通知》（皖政〔2009〕73号）要求，扩大县级经济管理权限的61个县（市）、15个县改区及叶集区、毛集区项目实施方案，由各县（市、区）发展改革委审批；未列入扩大县级经济社会管理权限的市直属区项目实施方案，由市发展改革委审批。

四、初步设计审批

年度实施方案中，新建、技改、扩大规模达到或超过千吨（万人）的水厂，应编制单项初步设计。其中，总投资规模达到或超过1000万元的初步设计，由各市、县、区发展改革委和水利（水务）局按权限联合报省发展改革委和省水利厅审批；投资规模在1000万元以下的，联合报省水利厅商省发展改革委审批。

五、完成时间

请各地于2月底前上报千吨（万人）以上水厂初步设计，于3月底前完成2011年农村饮水安全工程实施方案的审批工作，并将批复文件及实施方案一式三份报省发展改革委和省水利厅备案（电子文档发至ahncys@163. com信箱）。

2011年2月14日

关于印发《安徽省水利工程设计变更管理意见》的通知

（省水利厅、省发展改革委　皖水基〔2011〕332 号）

各市水利（水务）局、发展和改革委，厅直属有关单位：

为加强我省水利工程建设管理，规范设计变更，明确设计变更审批程序和要求，保证工程建设质量，合理控制工程投资，省水利厅、省发改委联合制定了《安徽省水利工程设计变更管理意见》。现印发给你们，请认真贯彻执行。

2011 年 9 月 1 日

安徽省水利工程设计变更管理意见

第一章　总　则

第一条　为加强我省水利工程建设管理，规范设计变更，保证工程建设质量，合理控制工程投资，根据国务院《建设工程勘察设计管理条例》、《建设工程质量管理条例》及水利部《水利工程建设程序管理暂行规定》等有关规定，结合我省实际，制定本管理意见。

第二条　各有关单位应加强对水利建设项目初步设计的管理，确保初步设计深度和质量满足规程、规范等要求，减少实施过程中设计变更，项目法人与勘测设计单位签订合同时，应明确对设计质量的要求及设计变更的责任界定和费用调整方法。任何单位或者个人不得擅自变更经批准的初步设计，批准的设计变更原则上不得再次变更。

第三条　本意见所指设计变更是自水利工程项目初步设计批准之日起至工程竣工验收交付使用之日止，对已批准的初步设计进行符合有关法规、规范和标准等要求的修改和优化等活动。本意见根据变更的内容和影响程度，将设计变更分为重大设计变更、较大设计变更和一般设计变更。根据初步设计审查审批意见进行的设计修改与优化完善，一般不作为设计变更，由项目法人审核后实施。

第四条　本意见适用于我省按照基本建设程序管理的省内审批的水利工程项目（包括新建、续建、扩建、改建及加固等项目，不含水库淹没及建设征地拆迁），水库淹没及建设征地拆迁变更由移民实施部门负责解释，上级部委批复的水利工程设计变更管理按国家有关规定执行。

第二章　重大设计变更

第五条　重大设计变更主要是指在工程任务、规模、标准、布置及主要建筑物设计方案、重要机电设备、重大技术问题处理方案等方面，对工程的安全、投资、效益、工期产生重大影响的设计变更。

第六条　以下设计条件或内容发生变化，为重大设计变更：

（一）水文

引起工程规模及主要特征参数改变的水文、泥沙等基本资料及其设计成果的变化。

（二）地质

1. 工程场地地震基本烈度和地震动参数的改变；

2. 影响主要建筑物安全或引起设计方案改变的工程地质条件及评价结论的变化；

3. 引起主要建筑物设计方案改变的天然建筑材料质量、储量及主要料场场地的变化。

（三）工程任务、规模、建筑物等级及设计标准

1. 工程任务变化及主次顺序的调整；

2. 工程规模的较大改变：水库库容、特征水位的较大变化；引（供、排）水工程的范围、流量、关键节点控制水位的较大变化；电站装机容量或泵站主机组、主要特征水位的较大变化；灌溉或治涝范围与面积的较大变化；河道及堤防工程治理范围、水位等的较大变化；

3. 工程等别、建筑物级别、抗震设计烈度、洪水标准、泄洪排沙规模、治涝标准、设计荷载标准的变化。

（四）总体布局、工程布置及主要建筑物

1. 总体布局、主要建设内容、主要建筑物场址、坝线、堤线、骨干渠（管）线的变化（对工程投资、工期、施工方案、建筑物型式、安全标准以及相关的征地移民等影响较小的堤线、骨干渠（管）线变化，视为较大设计变更）；

2. 工程布置、主要建筑物型式、主要加固方案及内容的变化；

3. 主要水工建筑物地基处理方案、消能防冲方案的变化。

（五）机电设备

1. 电站、水厂或泵站主要水力机械设备型式和数量的变化；

2. 水利枢纽、电（泵）站等接入电力系统方式、电气主接线和输配电方式及设备型式的变化。

（六）工程投资

在不超过批复总概算情况下，投资变化超过工程部分总投资 10% 的设计变更（工程部分投资指批复概算第一至第四部分投资及价差之和）。

投资变化后超过批复总概算时，设计变更按照概算调整审批程序办理。

第三章　较大和一般设计变更

第七条　较大设计变更是指除重大设计变更外，在工程分期规模、建筑物结构设计、机电金属结构设备配置、施工、附属工程等方面，对工程的安全、投资、效益、工期产生一定影响的设计变更。

第八条　以下设计条件或内容发生变化，为较大设计变更：

（一）地质

1. 不影响主要建筑物安全及设计方案改变的主体工程地质条件、主要参数及评价结论变化。

2. 不改变主要建筑物设计方案的料场条件变化。如对投资影响较大的土、石料料源变化；砌石护坡型改为混凝土护坡型的变化等。

（二）工程规模、布置及建筑物

1. 工程总规模基本不变，调整分期实施规模或单机容量及台数。

2. 在保证工程安全前提下，主要建筑物地基或防渗处理范围、深度、厚度，消能防冲长度及范围的调整。

3. 对工程投资、工期、安全等影响较小的堤线、渠（管）道、主要建筑物轴线的变化（其中非主要建筑物位置及型式的变化，如规模及投资较小的桥梁、涵闸等建筑物的位置、结构型式变化；打捆编报审批的河道综合治理工程中投资较小的子项目调整变化，视为一般设计变更）。

4. 增加投资较大的影响处理工程。

（三）金属结构

主要金属结构设备及布置方案的变化。

（四）施工组织设计

主体工程导流方式、施工围堰洪水标准、疏浚工程主要排泥场位置变化。

（五）工程投资

在不超过批复总概算情况下，投资变化超过工程部分总投资的5%、不超过10%的设计变更。

第九条　重大及较大设计变更以外的其他设计变更为一般设计变更。

第四章　设计变更文件编制

第十条　根据建设过程中出现的勘察、设计等问题，施工单位、监理单位及项目法人等单位可以提出变更设计建议。项目法人应当对变更设计建议及缘由进行评估，必要时可以组织勘察设计单位、施工单位、监理单位及有关专家对变更设计建议进行技术、经济论证。

第十一条　工程勘察、设计文件的修改，原则上应委托原勘察、设计单位进行。经原勘察、设计单位书面同意，项目法人也可以委托其他具有相应资质的勘察、设计单位进行修改。若原勘察、设计单位没有充分理由不及时编报设计变更文件，影响工程实施，项目法人也可以委托其他具有相应资质的勘察、设计单位进行修改。修改单位对修改的勘察、设计文件承担相应责任。

第十二条 设计变更文件应按施工图设计阶段的设计深度进行编制，满足施工图设计阶段的有关规程、规范要求。

重大及较大设计变更文件应包括的主要内容：

（一）工程概况；设计变更的缘由；设计变更的依据；设计变更的项目和内容；设计变更方案及技术经济比较；设计变更对工程规模、工程安全、生态环境、工程投资和效益等方面的影响分析；与设计变更相关的基础、试验资料及分析计算。

（二）设计变更勘察设计图纸及原设计相应图纸。

（三）设计变更工程量、分项预算、设计变更投资与对应批复概算投资对比表，以及因设计变更增加的资金筹措方案。

第五章 设计变更的审批与实施

第十三条 水利工程设计变更审批采用分级管理制度，重大设计变更文件，由项目法人按原报审程序报原初步设计审批部门审批。较大设计变更由项目主管部门或委托项目法人审批，一般设计变更由项目法人负责审批。

第十四条 设计变更报告的审批工作应以不影响工程实施为原则，尽量缩短审批周期，一般应自收到设计变更审批申请之日起20个工作日内完成审批（不含技术审查时间）。

第十五条 设计变更文件批准后由项目法人负责组织实施，未经审查批准的设计变更不得实施。设计变更增加的工程项目的实施，按照招标投标法及相关法律法规的有关规定执行。

第十六条 特殊情况重大及较大设计变更的处理：

（一）对需要进行紧急抢险的工程设计变更，项目法人可先组织参建单位进行紧急抢险处理，同时报项目主管部门，按照本办法办理设计变更审批手续，并附相关的影像资料说明紧急抢险的情形。

（二）若工程在施工过程中不能停工，或不继续施工会造成安全事故或重大质量事故的，需经项目法人、设计及监理单位同意并签字认可后方可施工，项目法人应将情况在5个工作日内报告项目主管部门备案，同时按照本意见办理设计变更审批手续。

第六章 设计变更的监督与管理

第十七条 各级水行政主管部门应当加强对水利建设项目设计变更的监督管理。项目法人及参建单位应当加强项目及合同管理，按照“事前控制、中间检查、严格把关”的总体要求，严格控制重大及较大设计变更，及时履行设计变更报批程序。勘察设计单位应正确处理好优化设计与设计变更的关系，积极开展优化设计，提高勘测设计水平和质量。

第十八条　由于项目建设各有关单位的过失引起工程设计变更并造成损失或质量问题的，有关单位应当对因此造成的后果负责，采取返工或补偿措施，并作为不良行为记录进行公示。对未按规定程序审批的设计变更，项目法人及有关单位应承担相应责任。

第十九条　项目法人负责工程设计变更文件的归档工作。项目竣工验收时应当全面检查竣工项目是否符合批准的设计文件要求，未经批准的设计变更文件不得作为竣工验收的依据。

第二十条　本意见自印发之日起施行，由省水利厅及省发展和改革委员会负责解释。

转发国家发展改革委办公厅等关于做好“十三五”期间农村饮水安全巩固提升及规划编制工作的通知

（省发展改革委、省水利厅、省财政厅、省卫生计生委、省环境保护厅、
省住房城乡建设厅　皖发改农经函〔2016〕128号）

各市、县、区发展改革委、水利（水务）局、财政局、卫生计生委、环境保护局、住房城乡建设局，省农垦事业管理局、省国有林管理局、省监狱管理局：

现将国家发展改革委办公厅、水利部办公厅、财政部办公厅、卫生计生委办公厅、环境保护部办公厅、住房城乡建设部办公厅《关于做好“十三五”期间农村饮水安全巩固提升及规划编制工作的通知》（发改办农经〔2016〕112号）转发给你们，并就我省县级农村饮水安全巩固提升工程规划编制工作提出如下意见，请一并贯彻执行。

一、高度重视，认真组织规划编制

“十三五”规划是谋划未来5年农村饮水安全工作的重要抓手，各地要高度重视，充分认识到规划编制工作的重要性和紧迫性，立即向同级人民政府报告，进一步落实农村饮水安全保障地方行政首长负责制，明确专项工作负责人和工作班子，足额落实工作经费，尽快规划编制工作。规划编制以县（市、区）为单位，由县级发展改革部门牵头，具体编制工作由县级水利部门承担。各地发展改革委、水利、卫生计生、环保、财政、住房城乡建设等部门要按照职能分工，落实责任，各负其责，加强协调，密切配合，共同做好工作。规划经市发展改革委、水利（水务）局组织有关部门审查通过后，报县级人民政府批准。

二、明确目标，合理确定规划任务

按照全面建成小康社会和实施脱贫攻坚工程的总体要求，到2020年，通过实施农村饮水安全巩固提升工程，采取改造、配套等工程措施，进一步提高农村供水集中供水率、自来水普及率、水质达标率和供水保证率，健全农村供水工程运行管护机制、逐步实现可持续运行。

“十三五”期间，我省农村饮水安全工作的主要预期目标是：到2020年，全省自来水普及率达到80%以上，农村饮水安全集中供水率达到85%左右；水质达标率整体有较大

提高；小型工程供水保证率不低于90%，其他工程的供水保证率不低于95%。推进城镇供水公共服务向农村延伸，使城镇自来水管网覆盖行政村的比例达到33%。

按地方行政首长负责制的原则，由各市、县根据各地实际自行确定“十三五”建设目标任务和投资规模。省级对各市、县目标情况进行考核。省级重点对解决贫困村、贫困户饮水问题等进行补助。

三、注重质量，按时报送规划成果

本次规划不仅时间紧、任务重，且与前两批规划的内容和要求差别很大。各地一定要注重规划编制质量，县级相关部门认真核实相关基础信息，明确工作重点、规划思路和保障措施，做好顶层设计。市级相关部门要认真组织技术审查，严格把关，确保质量。

为指导各地做好县级规划编制工作，省水利厅制定了《全省农村饮水安全巩固提升工程“十三五”规划》编制工作大纲（见附件），请在工作中认真参考。

请各市于2016年3月10日前将经批准的县级规划汇总后报省发展改革委、水利厅、卫生计生委、环境保护厅、财政厅、住房城乡建设厅备案，规划电子版发送电子邮件至ahncys@163.com。

联系人及联系电话：
省发展改革委：时婧婧　0551-2601496
省水利厅：王常森　0551-62128164
省财政厅：李元元　0551-68150264
省卫生计生委：黄国民　0551-62998083
省环境保护厅：张石龙　0551-62376220
省住房城乡建设厅：刘祁　0551-62871527

附件：《农村饮水安全巩固提升工程“十三五”规划》编制工作大纲（略）

2016年3月2日

关于做好“十三五”期间农村饮水安全巩固提升及规划编制工作的通知

（国家发展改革委办公厅、水利部办公厅、财政部办公厅、
卫生计生委办公厅、环境保护部办公厅、住房城乡
建设部办公厅　发改办农经〔2016〕112号）

各省、自治区、直辖市、新疆生产建设兵团发展改革委、水利（水务）厅（局）、财政厅（局）、卫生计生委（局）、环境保护厅（局）、住房城乡建设厅（局）：

党中央、国务院高度重视农村饮水安全工作。“十一五”和“十二五”期间，通过强化地方行政首长责任制，中央加强指导和投资支持，累计解决了5.14亿农村人口的饮水安全问题，我国农村长期存在的饮水不安全问题基本得到解决。但由于我国特殊的国情和发展阶段，特别是受水源条件、工程状况、居住分布、人口变化和标准提升等因素影响，农村饮水安全工程在水量、水质保障和长效运行等方面还存在一些薄弱环节，保障农村饮水安全工作将是一项长期的任务。“十三五”期间，需要在巩固农村安全饮水工程已有工作成果的基础上，进一步提升农村安全饮水保障水平。现就做好“十三五”农村饮水安全巩固提升及规划编制有关工作通知如下：

一、总体要求

各地要在全面总结评估农村饮水安全工程“十二五”规划实施情况的基础上，按照巩固成果、稳步提升的原则，结合脱贫攻坚、推进新型城镇化、改善农村人居环境、建设美丽宜居乡村等工作部署，坚持城乡统筹、尽力而为、量力而行、建管并重，科学确定水质、水量、方便程度和保障程度等规划指标，合理确定“十三五”期间农村饮水安全巩固提升目标任务，以健全机制、强化管护为保障，充分发挥已建工程效益，综合采取改造、配套、升级、联网等方式，进一步提高农村饮水集中供水率、自来水普及率、供水保证率和水质达标率。

“十三五”期间，全国农村饮水安全工作的主要预期目标是：到2020年，全国农村饮水安全集中供水率达到85%以上，自来水普及率达到80%以上；水质达标率整体有较大提高；小型工程供水保证率不低于90%，其他工程的供水保证率不低于95%。推进城镇供水公共服务向农村延伸，使城镇自来水管网覆盖行政村的比例达到33%。健全农村供水工程运行管护机制、逐步实现良性可持续运行。

各省（自治区、直辖市）和新疆生产建设兵团要根据各自实际，考虑到2020年全面建成小康社会、打赢脱贫攻坚战的要求，合理确定全省预期目标和到县级的分解目标，并

相应确定巩固提升工程“十三五”规划建设任务和投资规模。

二、工作重点

（一）切实维护好、巩固好已建工程成果。集中建立健全工程管理机构，负责农村饮水安全工作管理与监督，并加强服务与指导。明晰工程产权、管理主体、管护责任，健全运行管理制度。建立合理的水价制度，落实工程维修养护经费，鼓励引入市场机制促进供水单位的长效运行。加强信息化建设，提高工程监控和管理水平，保障工程高效、安全、良性运行。

（二）因地制宜加强供水工程建设与改造。坚持先建机制、后建工程，通过改造、配套、升级、联网等措施，统筹解决部分地区仍然存在的工程标准低、规模小、老化失修以及水污染、水源变化等原因出现的农村饮水安全不达标、易反复等问题。加强农村饮水安全工程建设与新型城镇化、脱贫攻坚等规划和工程实施的衔接，合理确定工程布局和规模，突出重点，优先解决贫困地区等区域的农村供水基本保障问题，做到科学规划、精准施策。

（三）强化水源保护和水质保障。进一步落实农村饮水安全工程建设、水源保护、水质监测“三同时”制度，强化水源保护措施，对水质净化处理不配套的工程，改造水质净化设施，配套消毒设备，尽快解决水处理设施不完善、制水工艺落后、管网不配套等影响供水水质的问题，提高农村供水水质达标率。加快建设和完善区域农村供水水质检测机构，科学制定水质检测制度，加强人员培训，落实检测经费，实现水质卫生检测监测全覆盖，保障水质达标。

三、保障措施

（一）落实工作主体责任。进一步落实农村饮水安全保障地方行政首长负责制，地方政府对农村饮水安全负总责。地方各级人民政府要逐级落实责任分工，明确政府责任人、部门责任人和项目责任人，建立健全政府“一把手”负总责、政府分管领导具体负责、部门合力推进的有效机制，层层传导压力，严格跟踪问效，切实强化责任制的刚性约束。

（二）抓紧开展规划编制。《农村饮水安全巩固提升工程“十三五”规划》（以下简称《规划》）以省为单位，由省级发展改革委会同同级水利、卫生计生、环保、财政、住房城乡建设等部门组织编制，报省级人民政府批准。其中，对列入“十三五”脱贫攻坚工程实施范围的地区和人口，要单列工程目标任务、布局、规模、投资等相关指标。《规划》编制要突出管理管护和已建工程改造配套，辅以新建、扩建等措施，以达到巩固提升目的。《规划》编制具体工作由省级水利部门承担。要及时足额落实规划编制工作经费，明确规划编制工作负责人和工作班子，落实规划编制工作的相关承担单位，集中力量，抓紧开展工作。国家发展改革委、水利部等部门加强对各地规划编制的指导。

（三）多渠道落实资金。农村饮水安全保障实行地方行政首长负责制。“十三五”农村饮水安全巩固提升工程建设资金以地方政府为主负责落实，中央财政重点对贫困地区等予以适当补助，并与各地规划任务完成情况等挂钩。中央将建立考核机制，对各地实现规划目标情况进行考核，各省确定的规划目标和建设任务将作为中央对各地考核的依据。各地要将饮水安全工程建设所需资金列入地方建设资金总盘子并予以优先保证。工程运行管理经费主要通过制定合理的水价、供水单位收缴水费，以及地方财政补贴予以解决。

（四）加强组织领导。国家有关部门将根据职责加强指导，并加强对地方规划实施情况的监督检查。各地发展改革、水利、卫生计生、环保、财政、住房城乡建设等部门要按照职能分工，落实责任，各负其责，加强协调，密切配合，共同做好工作。为指导做好省级规划编制工作，水利部制定了《农村饮水安全巩固提升工程“十三五”规划》编制工作大纲，现一并印发给你们，供在工作中参考。请各地于2016年3月底前将经批准的省级规划报国家发展改革委、水利部、卫生计生委、环境保护部、财政部、住房城乡建设部备案，规划电子版发送电子邮件至gsc@mwr.gov.cn。

附件：《安徽省农村饮水安全巩固提升工程“十三五”规划》编制工作大纲

2016年1月15日

附件：

《安徽省农村饮水安全巩固提升工程“十三五”规划》编制工作大纲

自2005年实施农村饮水安全工程以来，通过十余年的建设，到2015年底，我省农村饮水安全问题基本解决。但一些地区农村饮水安全成果还不够牢固、容易反复，在水量和水质保障、长效运行等方面还存在一些薄弱环节，与中央提出的到2020年全面建成小康社会、确保贫困地区如期脱贫等目标要求还有一定差距。“十三五”期间，需通过实施农村饮水安全巩固提升工程，切实把成果巩固住、稳定住、不反复，全面提高农村饮水安全保障水平。为指导各地科学编制农村饮水安全巩固提升工程“十三五”规划，根据国家有关部委文件精神，结合我省农村饮水现状，制订本工作大纲。

一、总论

农村饮水安全保障继续实行地方行政首长负责制，省市统筹，县负总责。县级巩固提升工程“十三五”规划建设任务和投资规模由各地自行确定。建设资金以地方筹措为主，中央及省级对贫困地区等予以适当补助，并与各地规划任务完成情况等挂钩。省级实行规划目标考核制度，各地规划目标任务将作为考核的依据。

（一）规划工作任务

1. 科学评价工程现状。充分利用我省农村饮水工程现状与需求调查成果，结合农村供水工程普查数据，认真总结“十二五”农村饮水安全工程实施情况，全面分析评价农村饮水安全工程建设和运行管理现状，总结成效，查找薄弱环节、存在问题和制约因素。

2. 认真搞好需求分析。围绕全面建成小康社会和实施脱贫攻坚工程的目标要求，重点从解决脱贫攻坚问题、部分地区饮水安全易反复、一些地区水质保障程度不高、长效机制不健全等方面进行深入分析，针对不同区域提出农村饮水安全巩固提升工程建设和管理需求。

3. 合理制定规划目标。保障农村饮水安全是一项长期的任务。“十三五”规划任务的重点是突出工程管理和运行维护，适当采取工程措施，达到巩固提升农村饮水安全成果，解决贫困村自来水“村村通”、贫困人口饮水安全问题，以及适当提高自来水普及率。各地要根据本地经济发展水平、资金投入可能和建设管理要求，科学合理确定“十三五”规划目标。

4. 重点抓好规划布局。综合考虑当地自然地理和水资源条件、经济社会发展水平、村镇布局、人口变化、扶贫人口分布及饮水现状、重点风险源分布及现有工程实际状况和贫困人口易地搬迁措施等情况，以县级行政区划为单元，合理划分供水分区，按照以改造配套为重点、辅以适当新建的原则，科学确定巩固提升工程总体布局和发展规模。

5. 分类确定建设任务。围绕解决部分地区饮水安全易反复，合理确定改造与新建工程的建设任务；围绕提高水质保障程度，确定水厂水质净化处理和消毒设施配套完善的措施；围绕工程长效运行，确定创新管理体制与运行机制、水源保护、信息化建设等任务。

6. 强化保障机制建设。根据农村饮水安全巩固提升的总体目标和任务，从加强组织领导、完善工作制度、加大资金投入、强化监督管理等方面制定规划实施的保障措施。

（二）规划思路与编制原则

1. 规划思路

在全面摸底调查工程现状、查找薄弱环节及合理划分供水分区的基础上，围绕实施脱贫攻坚工程、全面建成小康社会的目标要求，立足巩固已有饮水安全成果，突出建立健全管理维护长效机制，充分发挥已建工程效益，综合采取配套、改造、升级、联网等方式，辅以新建措施，合理确定县级规划目标和建设任务。按照“规模化发展、标准化建设、专业化管理、企业化运营”的要求，整体推进农村饮水安全巩固提升。当地政府重视、有条件和积极性高的地区可适当超前规划。

2. 编制原则

（1）统筹规划，突出重点

综合考虑各地自然地理条件、经济社会发展水平，采取“自下而上、自上而下、上下协调”方式，科学合理确定各地规划目标、区域布局、建设任务。统筹解决脱贫攻坚和巩固提升相关需求问题，重点解决部分饮水安全不达标、易反复、水质保障程度不高以及贫困村自来水村村通等问题。

（2）因地制宜，远近结合

立足问题导向，充分考虑当地实际，统筹当前和长远，综合采取“以大带小、城乡统筹，以大并小、小小联合”的方式，“能延则延、能并则并、宜大则大、宜小则小”，量力而行，分步实施，注意近期目标与远期目标的衔接。

（3）明确责任，两手发力

明确地方事权，落实饮水安全保障地方行政首长负责制。充分发挥政府统筹规划、政策引导、制度保障作用，积极引入市场机制，制定合理的价格及收费机制，引导和鼓励社会资本投入。

（4）依靠科技，提升水平

加大科技对农村供水发展的支撑力度，增强创新能力，积极开发推广应用适宜农村供水的技术、工艺和设备。推进农村供水生产运行和管理的信息化，提升农村供水行业现代化水平。

（5）强化管理，长效运行

加强工程运行管理，明晰工程产权，落实管护主体、责任和经费，建立合理水价机制，落实运行管护地方财政补贴。成立县级专管机构，健全基层专业化技术服务体系。强化水源保护和水质管理，创新工程管理体制与运行机制，确保工程长效运行。

（三）基本规定

1. 规划范围

全省县城（不含县城城区）以下的乡镇和村庄、农村学校，以及国有农（林）场。

2. 规划水平年

规划基准年为2015年，水平年为2020年。

3. 基本资料口径

（1）现状农村人口（包括贫困村、贫困人口）、经济社会指标、水资源开发利用等基础数据资料应采用权威部门发布的数据（如统计年鉴等）。

（2）农村供水工程、受益人口等数据，应全面调查，认真复核分析相关数据，保证基本资料的翔实、合理，并做好与全省农村饮水工程现状与需求调查、农村供水工程普查、农村饮水安全项目管理信息系统等数据的衔接。

（3）农村饮水安全工程解决农村居民数，不应小于2005—2015年省级下达的农村饮水安全工程投资计划解决的农村居民指标。（涉及行政区划调整的，应说明农村人口、农村居民指标调整情况）

（四）规划编制依据

本规划编制主要依据以下政策性文件及相关标准、技术规范、规程：

1.《中共安徽省委关于制定国民经济和社会发展第十三个五年规划的建议》（2015年12月11日中国共产党安徽省第九届委员会第十四次全体会议通过）

2. 国家发展改革委办公厅、水利部办公厅、财政部办公厅、卫生计生委办公厅、环境保护部办公厅、住房城建部办公厅《关于做好“十三五”期间农村饮水安全巩固提升及规划编制工作的通知》（发改办农经〔2016〕112号）

3.《安徽省委省政府关于坚决打赢脱贫攻坚战的决定》（2015年12月8日）

4.《中共安徽省委、安徽省人民政府关于贯彻〈中国农村扶贫开发纲要（2011—2020）〉的实施意见》（皖发〔2012〕3号）

5.《安徽省人民政府关于印发安徽省水污染防治工作方案的通知》（皖政〔2015〕131号）

6.《全国重要江河湖泊水功能区划（2011—2030）》（2011年）

7.《全国农村饮水安全工程“十二五”规划》，国家发展改革委、水利部、卫生部、环保部（2012年6月国务院批复）

8.《建设项目水资源论证导则》（SL 322—2013）

9.《关于印发农村饮用水安全卫生评价指标体系的通知》（水利部、卫生部 水农〔2004〕547号）

10.《生活饮用水卫生标准》（GB 5749—2006）

11.《村镇供水工程设计规范》（SL 687—2014）

12.《村镇供水工程运行管理规程》（SL 689—2013）

13.《室外给水设计规范》（GB 50013—2006）

14.《饮用水水源保护区划分技术规范》（HJ/T 338—2007）

15.《饮用水水源保护区标志技术要求》（HJ/T 433—2008）

16.《集中式饮用水水源编码规范》（HJ 747—2015）

17.《地表水环境质量标准》（GB 3838—2002）

18.《地下水质量标准》（GB/T 14848—93）

19.《水利建设项目经济评价规范》（SL 72—2013）

20.《开发建设项目水土保持技术规范》（GB 50433—2008）

21.《水环境监测规范》（SL 219—2013）

22.《安徽省农村饮水安全工程初步设计报告编制指南（试行）》（省水利厅 皖水农〔2012〕23 号）

23. 其他相关规划及技术规范。

二、农村饮水安全现状评价与预测

（一）“十二五”规划实施情况及成效

采取定性与定量相结合的方法，全面深入总结“十二五”农村饮水安全取得的主要成效、做法、经验。

（二）农村饮水安全工程基本状况

分析到 2015 年底农村饮水安全状况。包括基本情况、供水人口情况、供水工程状况、管理运行现状、水质保障情况等。

（三）存在的主要问题

主要从工程设施保障程度、水质保障能力、管理体制与运行机制等三个方面查找突出问题。

（四）实施农村饮水安全巩固提升的必要性

从统筹城乡发展、全面建成小康社会、确保农村贫困人口如期脱贫、全面提高农民健康水平等方面论述。

三、规划目标与总体布局

（一）规划目标

按照全面建成小康社会和脱贫攻坚的总体要求，通过农村饮水安全巩固提升工程实施，采取新建和改造等措施，到 2018 年底前，实现贫困村村村通自来水；到 2020 年，全面解决贫困人口饮水安全问题，进一步提高农村供水集中供水率、自来水普及率、城镇自来水管网覆盖行政村的比例、水质达标率和供水保证率，建立健全工程良性运行机制，提高运行管理水平和监管能力。

“十三五”期间，我省农村饮水安全工作的主要预期目标是：到 2020 年，全省农村集中供水率达到 85% 左右，自来水普及率达到 80% 以上；水质达标率为整体有较大提高；小型工程供水保证率不低于 90%，其他工程的供水保证率不低于 95%。推进城镇供水公共服务向农村延伸，使城镇自来水管网覆盖行政村的比例达到 33%。健全农村供水工程运行管护机制、逐步实现良性可持续运行。

各县（市、区）要根据各自实际，考虑到 2020 年全面建成小康社会、打赢脱贫攻坚战的要求，合理确定本县（市、区）预期目标，并分解落实到具体供水工程，突出基本民生保障，优先解决贫困人口、血吸虫病、包虫病病区、饮水型氟（砷）中毒病区和地下水铁锰超标地区农村饮水安全巩固提升问题。

（二）总体布局

根据统筹城乡发展的总体要求，综合考虑水源条件、地形地貌、用水需求、技术经济条件等因素，与美丽乡村建设规划、新型城镇化发展规划、脱贫攻坚规划紧密衔接，按照规模化建设、专业化管理、经济合理、方便管理等原则，合理划分供水分区，科学确定工程总体布局、建设规模与技术方案。其中，对列入“十三五”脱贫攻坚实施范围的地区和人口，要单列工程目标任务、规模、投资等相关指标。

供水工程受益范围可打破县、乡镇、村行政界限，按照重点发展集中连片规模化供水工程的思路进行规划。

1. 充分挖掘现有城镇水厂供水潜力，推动城镇供水设施向农村延伸，采取管网延伸扩大供水区域。

2. 对原工程规模小且水源有保障的，尽可能进行改、扩建，采取联网并网，提高供水保证率。

3. 对导致饮水安全易反复的农村居民，优先通过现有水厂管网延伸、扩建、改建的方式解决；对采取新建水厂方式解决的，重点发展规模化供水。

4. 对水源有保证，但工程老化或水处理设施不完善的供水工程，通过改造供水设施，改进水处理工艺，改善供水水质；其他工程采用适宜的水处理技术和消毒措施，遇干旱年份采取应急措施。

四、建设标准与重点建设内容

（一）工程建设标准

1. 根据需要配备完善和规范使用水质净化消毒设施，使供水水质达到《生活饮用水卫生标准》（GB 5749—2006）的要求。

2. 改造和新建的集中式供水工程供水量参照《村镇供水工程设计规范》（SL 687—2014）、《安徽省农村饮水安全工程初步设计报告编制指南（试行）》（皖水农〔2012〕23号）等确定，满足不同地区、不同用水条件的要求。以居民生活用水为主，统筹考虑饲养畜禽和二、三产业等用水。

3. 改造和新建的集中式供水工程供水到户。

4. 改造和新建的设计供水规模200m^3/d以上的集中式供水工程供水保证率一般不低于95%，其他小型供水工程或严重缺水地区不低于90%。

5. 改造和新建的供水工程各种构筑物和输配水管网建设应符合相关技术标准要求。

（二）主要建设内容

1. 供水工程建设与改造

通过供水管网延伸、改造、配套、联网等措施，辅以新建，统筹解决部分地区仍然存在的工程标准低、规模小、老化失修以及水污染、水源变化等原因出现的农村饮水安全不达标、易反复等问题，重点解决贫困人口饮水问题。

主要指标：（1）新建供水工程数（处）及新增供水能力（m^3/d），工程受益人口（万人）；（2）现有水厂管网延伸工程数（处），新建管网长度（km），工程受益人口（万人）；（3）城镇自来水管网覆盖行政村个数（个），受益人口（万人）；（4）改造供水工程数（处）及改造供水规模（m^3/d），工程受益人口（万人）。

2. 水处理设施改造配套工程

通过改造水厂净水设施、改造不配套管网、配套消毒设备等措施，解决因水厂水处理设施不完善、制水工艺落后、管网不配套等影响供水水质的问题。以提高水质达标率为核心，重点对一定规模以上现有工程进行改造。

主要指标：（1）净化设施改造供水工程数（处）及改造供水规模（m^3/d）；（2）输配水管网更新配套（km）；（3）配套消毒设备（台）；（4）工程受益人口（万人）。

3. 农村饮用水水源保护、规模水厂水质化验室以及信息化建设

强化农村饮用水水源保护，开展水源保护区或保护范围划定工作，推进防护设施建设和标志设置；规模以上（千吨万人以上）水厂配置水质化验室；开展农村饮水安全信息系统建设、规模以上水厂自动化监控系统建设、水质状况实时监测试点建设。

主要指标：（1）水源保护区（或保护范围）划定（处）；（2）水源防护设施建设（处）；（3）规模化水厂化验室建设（处）；（4）规模化水厂自动化监控系统建设（处）；（5）水质状况实施监测试点建设（处）；（6）县级农村饮水安全信息系统建设（处）。

（三）典型工程设计

各县（市、区）应根据水源状况、工程建设条件、供水方式和水文工程地质条件等，选取各供水分区中具有代表性的或参照已建同类工程作为典型工程设计。典型工程数量按不同类型、不同规模确定，各类典型工程一般不少于1处，典型工程总数不少于3处。典型工程设计主要内容包括：工程概况、工程规模、水源选择、工程技术方案、工程设计、主要工程量及投资、设计图等。

五、管理改革任务

（一）落实地方责任

农村饮水安全保障实行地方行政首长负责制，省市统筹，县负总责，并将责任落实到乡（镇）政府及有关部门和单位。农村饮水安全巩固提升工程“十三五”规划由县级组织实施，省级以下建设资金由市县政府负责落实。省级重点加强监督检查，实行目标考核与绩效考评，促进各地健全完善工程良性运行管理体制机制，保障农村饮水安全巩固提升目标实现。

（二）改革管理体制

继续健全完善县级农村饮水安全专管机构，全面建立区域农村供水技术支持服务体系。加快农村饮水安全工程产权改革，明晰所有权、经营权、管理权，落实工程管护主体、责任、经费。国家投资为主的规模以上工程，按照产权清晰、权责明确、政企分开的原则，组建专业管理单位实行专业化管理。社会资本为主、国家补助为辅建设的工程，按照“谁投资、谁所有”的原则组建具有独立法人资格的股份制公司负责工程管理。鼓励各地组建区域化、规模化、专业化的运行管理单位。积极探索推广设计施工总承包制、代建制、政府购买服务以及专业化和物业式管理等新的工程建设管理形式。创新运作机制，保障城镇供水企业有积极性实施供水设施向农村延伸，积极引导和鼓励社会资本通过采取多种方式参与工程建设管理。

（三）完善水质保障体系

落实农村饮水安全工程建设、水源保护、水质监测评价“三同时”制度，对较大规模的农村饮水工程逐步开展建设项目水资源论证。依法划定饮用水源保护区或保护范围，加强水源保护和污染治理。强化供水单位水质管理，加强水质检测监测与评价，建立规模水厂自检、区域水质检测中心巡检、卫生监督部门抽检的三级水质检测体系，完善农村饮水安全数据库及信息共享机制，确保供水安全。

（四）推进水价改革

加快建立合理水价形成机制，按照“补偿成本、公平负担”的原则，合理确定水价，逐步推行基本水价+计量水价的“两部制”水价，实行阶梯水价、用水定额管理与超额累进加价等制度。对二、三产业的水价按照“补偿成本、合理盈利”的原则确定。加大宣传力度，培养农民接水用水习惯，充分发挥工程效益。规范和完善工程供水计量收费工作，力争应收尽收。

（五）落实工程维修养护经费

各地结合实际，制定工程维修养护定额标准。工程维修养护经费主要通过制定合理的水价、供水单位收缴水费，明确地方政府对维修养护资金财政扶持政策，有条件的地区，鼓励引入市场机制促进供水单位的长效运行，加强资金使用监管，促进工程良性运行。

（六）规范工程管理

完善供水单位内部管理制度，提高管理水平和服务质量，逐步建立农村饮水工程专业化运营体系；加强农村水厂水质管理，建立健全规章制度，规范净水设备操作规程，严格制水工序质量控制，强化消毒水质检测，建立严格的取样和检测制度，完善以水质保障为核心的质量管理体系。加强供水运营的监督管理，通过加强培训，推行关键岗位持证上岗，严格水质检测制度，确保安全供水。

六、投资估算与资金筹措

（一）投资估算

1. 采取典型工程法估算全县（市、区）农村饮水安全巩固提升工程总投资。

2. 在县级上报基础上，采取典型工程法复核估算全省农村饮水安全巩固提升工程总投资。

（二）资金筹措

农村饮水安全巩固提升工程“十三五”规划建设资金由地方政府负责落实，中央、省对贫困地区、饮水安全易反复地区等予以适当补助，并与各地规划任务完成情况等挂钩。各地要落实好用地、用电、税收优惠政策，广泛吸引各类社会资金投资农村饮水安全工程建设，拓宽投融资渠道，多形式、多层次、多渠道筹集建设资金。创新机制，调动城镇供水企业向农村延伸的积极性。

七、保障措施

（一）加强组织领导，落实建管责任

（二）加大投资力度，保证建设资金

（三）落实维护经费，确保长效运行

（四）推进用水户参与，接受社会监督

（五）加强技术推广，做好宣传培训

八、工作成果

（一）省级农村饮水安全巩固提升工程“十三五”规划报告、附表和附图、典型工程设计

（二）县级农村饮水安全巩固提升工程“十三五”规划报告、附表和附图、典型工程设计

附件：1. 农村供水工程主要指标说明

2. 县级农村饮水安全巩固提升工程“十三五”规划报告编写提纲（参考）

3. 县级有关表格（略）

4. 市级有关表格（略）

附件 1：

农村供水工程主要指标说明

1. 集中供水率

指农村集中式供水工程供水人口占农村供水人口的比例。农村集中式供水工程受益人口是指统一水源、通过管网供水到户或供水到集中供水点的人口，供水人口通常大于等于 20 人。

2. 自来水普及率

农村自来水普及率是指拥有自来水受益人口占农村供水人口的比例。自来水是指自水源集中取水，通过输配水管网将合格的饮用水供水到户的供水方式，供水人口通常大于等于 20 人。

3. 水质达标率

水质达标率是指农村集中式供水工程监测水样综合合格率（按人口统计）。

4. 供水保证率

供水保证率包括水源保障程度和工程供水保证率，即通过工程措施调节后的工程综合供水保证率。

5. 城镇自来水管网覆盖行政村比例

城镇自来水管网覆盖行政村比例是指我省城市（地级市、县城）公共供水水厂以及乡镇政府所在地的水厂向农村范围延伸覆盖的行政村数量占农村供水覆盖范围内行政村数量的比率。

附件2：

____县（市、区）农村饮水安全巩固提升工程“十三五”规划报告编写提纲（供参考）

前　言

简述规划的编制背景、规划编制任务来源及主要工作过程，以及规划的主要成果等。

规划主要特性表（见附件1）。

1　农村饮水工程现状

1.1　自然地理、社会经济和水资源概况

简述全县（市、区）地形地貌、河流水系分布和水文地质等；行政区划及乡镇和行政村数量、人口（其中农村供水人口）和主要社会经济指标；水资源开发利用和水污染状况等。

说明全县（市、区）贫困人口及分布情况。

1.2　农村饮水工程基本情况

简述农村供水工程状况和管理运行现状（每处规模水厂均应分别叙述）、农村饮用水源保护情况。

说明全县（市、区）贫困人口供水情况、供水方式和供水设施等。

1.3　农村饮水安全工程建设管理成效与经验

全面总结农村饮水安全工程建设以来，特别是“十二五”以来取得的主要成效和经验做法。

1.4　当前农村饮水存在的主要问题

从饮水安全工程保障、水质保障、工程运行维护等方面简述农村饮水存在的主要问题。

2　实施农村饮水安全巩固提升工程的必要性

2.1　“十三五”农村饮水安全巩固提升需求分析

根据“十三五”农村饮水安全巩固提升工程评价标准，结合当地实际，从供水水质、

供水水量、方便程度、供水保证率以及工程配套状况、工程老化程度、运行管护和水源保护等方面进行需求分析。

2.3　实施农村饮水安全巩固提升工程的必要性

从全面建成小康社会、统筹城乡发展、实施脱贫攻坚、提高农民健康水平、解决工程长效运行等方面简述必要性。

3　规划指导思想与目标任务

3.1　规划编制依据

3.2　规划范围与水平年

3.3　规划指导思想与基本原则

3.4　目标任务

包括建设和管理两个方面。

4　总体布局与工程建设内容

4.1　建设标准

4.2　规划总体布局

规划总体布局应与当地村镇发展规划、新农村建设规划和水资源中长期规划等相协调。

根据区域水资源条件、建设条件、供水方式、用水条件等分布情况，结合当地城镇化、乡村布点规划等，以县级行政区划为单元，科学划分供水分区，合理界定供水分区覆盖范围，明确提出各供水分区内供水规模与技术方案。

4.3　供水工程规划

根据划定的供水分区，合理确定分区内供水工程主要建设内容。简述单个规划供水工程受益范围用水量预测情况、供水规模、水源情况、净水工艺选择、净水厂厂址、主要建设内容等。

4.4　脱贫攻坚规划内容

根据各地编制的《农村饮水安全巩固提升工程精准扶贫实施方案（2016—2018）》等成果，在本节予以阐述。

4.5 规划主要成果统计

按照供水工程改造与建设、水处理设施改造配套工程、农村饮用水水源保护等进行分类简述。

5 典型工程设计

5.1 典型工程的选择

5.2 典型工程设计

根据《安徽省农村饮水安全工程初步设计报告编制指南（试行）》（皖水农〔2012〕23号)、《村镇供水工程设计规范》（SL 687—2014）等要求进行典型工程设计。主要内容包括工程概况、工程规模、水源选择、工程技术方案、工程设计、主要工程量与投资，以及设计图等，明确典型工程估算指标。

6 农村饮用水源保护

6.1 水源地概况

简述农村饮用水水源地个数、类型、分布、供水能力等情况，列表说明水源地所处的水功能区划情况。

6.2 水源地评价

以《地表水环境质量标准》（GB 3838—2002）和《地下水质量标准》（GB/T 14848—93）为依据，采用单因子评价方法对各类型的农村水源地（河道、湖泊、水库和地下水等）的水质进行评价，分析水质超标原因以及农村饮用水源保护工作目前存在的主要问题。

6.3 水源保护区或保护范围划分

参照《饮用水水源保护区划分技术规范》（HJ/T 338—2007)，提出受益人口1000人以上集中式供水工程依法划定水源保护区或保护范围的技术方案。

6.4 水源管理

参照《集中式饮用水水源环境保护指南（试行）》和《分散式饮用水水源地环境保护指南（试行）》等要求，结合工程实际，提出水源管理措施。

6.5 水源保护安全预案

简要提出水源保护安全应急预案，包括工程措施预案（主要指应急水源和备用水源工程）和非工程措施预案。

7　工程管理改革

7.1　工程产权改革

简述农村饮水工程产权制度改革方案。通过明晰产权，落实管护主体和责任。

7.2　管理机构建立

结合各地具体情况，提出适宜的工程管理模式，包括工程管理责任主体或单位、机构设置等。

7.3　管理制度建设

简述域内工程管理已实施及拟定的管理制度与办法等。重点论述水质检测和水质保障制度建设等方面内容。

7.4　水价及收费机制

简述农村饮水安全工程的水价形成机制及收费情况，核算供水成本、价格，明确水费计收方式等。

7.5　工程运行机制

简述农村饮水安全工程的运行机制。明确地方政府对维修养护资金财政扶持政策，有条件的地区，鼓励引入市场机制促进供水单位的长效运行。

8　投资估算与资金筹措

8.1　编制依据

简述投资估算的依据和原则等。

8.2　投资估算

简述投资估算方法及主要成果。本次巩固提升规划通过以点带面，采取典型工程法估算全县（市、区）农村饮水安全巩固提升工程的投资规模。

9　经济评价

9.1　国民经济评价

简述国民经济评价的依据和方法。

简述运行费用的估算方法，反映工程费用（包括投资、年运行费、流动资金等）、效益计算（分析影子水价，计算供水总效益）等运行费用成果。

简述经济效益的估算方法，反映经济效益估算主要成果，定性分析工程的社会效益和生态环境效益。

简述国民经济评价指标的计算方法及主要指标成果。

9.2 财务分析

简述重点工程成本水价的核定方法和成果，包括财务费用、效益分析等；分析工程建设可行性，测算工程对建设投资的还贷能力。分析项目运行的收益来源。提出维持项目基本运行的建议措施。

9.3 结论

简述经济评价、财务评价的主要结论。

10 环境影响评价

10.1 环境影响分析

在分析环境现状的基础上，简述工程建设对自然环境方面、社会环境方面等环境影响分析。

10.2 环境保护措施

根据环境影响分析，针对可能出现的不利环境影响，提出相应的环境保护措施、要求或建议。

10.3 结论

根据分析结果，提出环境影响评价结论，结论中应明确是否存在环境制约因素。

11 分期实施意见

12 保障措施

附件：Ⅰ. 县级农村饮水安全巩固提升工程“十三五”规划特性表

Ⅱ. 县级规划有关图纸（供水分区图、现状图和规划成果图）（略）

Ⅲ. 典型工程设计（主要包括工程总体布置图、厂区平面布置图、工艺流程图和输配水管网平面布置图）（略）

附件 I：

县级农村饮水安全巩固提升工程“十三五”规划特性表

序号	名称		单位	数量	备注
一	基本情况				
1	总面积		km^2		
2	行政区划	乡、镇、街道	个		
		行政村、居委会	个		
3	总人口（户籍）		万人		
4	农村人口（户籍）		万人		
5	贫困村（扶贫部门提供、建档立卡）		个		
6	贫困人口（扶贫部门提供、建档立卡）		人		截至 2015 年底
7	耕地面积		亩		
二	2015 年底农村饮水现状				
(一)	农村供水人口				
1	农村供水人口		万人		
2	集中式供水人口		万人		
2.1	其中：自来水供水人口		万人		
2.2	其中：贫困人口		人		
3	分散式供水人口		万人		
3.1	其中：贫困人口		人		
4	农饮工程下达指标	农村居民	万人		2005—2015 年
		农村学校	万人		
5	集中式供水受益乡镇		个		
6	集中式供水受益行政村		个		
6.1	其中：贫困村		个		
6.2	其中：城镇自来水管网覆盖行政村数		个		
7	农村集中供水率		%		
8	农村自来水普及率		%		
9	农村水质达标率（按人口）		%		

（续表）

序号	名称		单位	数量	备注
10	城镇自来水管网覆盖行政村比例		%		
（二）	农村供水工程				
1	$W \geq 1000m^3/d$ 集中供水工程	处数	处		
		受益人口	万人		
		设计供水规模	万 m^3/d		
2	$200 \leq W < 1000m^3/d$ 集中供水工程	处数	处		
		受益人口	万人		
		设计供水规模	万 m^3/d		
3	$20 < W < 200m^3/d$ 集中供水工程	处数	处		
		受益人口	万人		
		设计供水规模	万 m^3/d		
4	$20m^3/d$ 以下集中供水工程	处数	处		
		受益人口	万人		
		设计供水规模	万 m^3/d		
三	“十三五”规划工程措施				
1	新建工程	处数	处		
		受益人口	万人		
		新增受益人口	万人		
		新增受益贫困人口	人		
1.1	$W \geq 1000m^3/d$ 集中供水工程	处数	处		
		受益人口	万人		
		新增受益人口	万人		
		新增受益贫困人口	人		
2	现有水厂管网延伸	处数	处		
		新增受益人口	万人		
		新增受益贫困人口	人		
2.1	$W \geq 1000m^3/d$ 集中供水工程	处数	处		
		新增受益人口	万人		
		新增受益贫困人口	人		

（续表）

序号	名称		单位	数量	备注
3	改造工程	处数	处		
		受益人口	万人		
		新增受益人口	万人		
		新增受益贫困人口	人		
3.1	$W \geqslant 1000m^3/d$ 集中供水工程	处数	处		
		受益人口	万人		
		新增受益人口	万人		
		新增受益贫困人口	人		
4	水质净化和管网设施改造、消毒设备配套	改造水质净化设施	处		
		配套消毒设备	台		
		更新配套管网	km		村头以上管网
5	农饮水源保护、水质检测与监管能力				
5.1	划定水源保护区或保护范围		处		
5.2	建设规模化水厂水质化验室		处		
5.3	建设规模水厂自动化监控系统		处		
5.4	建设水质状况实时监测试点		处		
5.5	建设县级农村饮水安全信息系统		处		
四	工程投资及资金筹措				
1	总投资		万元		
1.1	新建工程		万元		
1.2	现有水厂管网延伸		万元		
1.3	改造工程		万元		
1.4	水质净化和管网设施改造、消毒设备配套		万元		
1.5	农饮水源保护、水质检测与监管能力		万元		
2	总投资中属于脱贫攻坚部分投资		万元		
3	资金筹措				
3.1	其中：申请中央投资		万元		
3.2	省级财政资金		万元		
3.3	市县财政资金		万元		
3.4	其他资金渠道		万元		
五	预计至2020年底农村饮水情况				

（续表）

<table>
<tr><th>序号</th><th colspan="2">名称</th><th>单位</th><th>数量</th><th>备注</th></tr>
<tr><td>（一）</td><td colspan="2">农村供水人口</td><td></td><td></td><td></td></tr>
<tr><td>1</td><td colspan="2">农村供水人口</td><td>万人</td><td></td><td></td></tr>
<tr><td>2</td><td colspan="2">集中式供水人口</td><td>万人</td><td></td><td></td></tr>
<tr><td>2.1</td><td colspan="2">其中：自来水供水人口</td><td>万人</td><td></td><td></td></tr>
<tr><td>2.2</td><td colspan="2">其中：贫困人口</td><td>人</td><td></td><td></td></tr>
<tr><td>3</td><td colspan="2">分散式供水人口</td><td>万人</td><td></td><td></td></tr>
<tr><td>3.1</td><td colspan="2">其中：贫困人口</td><td>人</td><td></td><td></td></tr>
<tr><td>4</td><td colspan="2">集中供水受益乡镇</td><td>个</td><td></td><td></td></tr>
<tr><td>5</td><td colspan="2">集中供水受益行政村</td><td>个</td><td></td><td></td></tr>
<tr><td>5.1</td><td colspan="2">其中：贫困村</td><td>个</td><td></td><td></td></tr>
<tr><td>5.2</td><td colspan="2">其中：城镇自来水管网覆盖行政村数</td><td>个</td><td></td><td></td></tr>
<tr><td>6</td><td colspan="2">农村集中供水率</td><td>%</td><td></td><td></td></tr>
<tr><td>7</td><td colspan="2">农村自来水普及率</td><td>%</td><td></td><td></td></tr>
<tr><td>8</td><td colspan="2">农村水质达标率（按人口）</td><td>%</td><td></td><td></td></tr>
<tr><td>9</td><td colspan="2">城镇自来水管网覆盖行政村比例</td><td>%</td><td></td><td></td></tr>
<tr><td>（二）</td><td colspan="2">农村供水工程</td><td></td><td></td><td></td></tr>
<tr><td rowspan="3">1</td><td rowspan="3">$W \geq 1000m^3/d$
集中供水工程</td><td>处数</td><td>处</td><td></td><td></td></tr>
<tr><td>受益人口</td><td>万人</td><td></td><td></td></tr>
<tr><td>设计供水规模</td><td>万 m^3/d</td><td></td><td></td></tr>
<tr><td rowspan="3">2</td><td rowspan="3">$200 \leq W < 1000m^3/d$
集中供水工程</td><td>处数</td><td>处</td><td></td><td></td></tr>
<tr><td>受益人口</td><td>万人</td><td></td><td></td></tr>
<tr><td>设计供水规模</td><td>万 m^3/d</td><td></td><td></td></tr>
<tr><td rowspan="3">3</td><td rowspan="3">$20 < W < 200m^3/d$
集中供水工程</td><td>处数</td><td>处</td><td></td><td></td></tr>
<tr><td>受益人口</td><td>万人</td><td></td><td></td></tr>
<tr><td>设计供水规模</td><td>万 m^3/d</td><td></td><td></td></tr>
<tr><td rowspan="3">4</td><td rowspan="3">$20m^3/d$ 以下
集中供水工程</td><td>处数</td><td>处</td><td></td><td></td></tr>
<tr><td>受益人口</td><td>万人</td><td></td><td></td></tr>
<tr><td>设计供水规模</td><td>万 m^3/d</td><td></td><td></td></tr>
</table>

关于报送安徽省农村饮水安全巩固提升工程“十三五”规划的报告

（省发展改革委、省水利厅、省卫生计生委、
省环保厅、省财政厅、省住房城乡建设厅
皖发改农经〔2016〕308 号）

国家发展改革委、水利部、国家卫生计生委、环保部、财政部、住房城乡建设部：

根据国家发展改革委办公厅、水利部办公厅、国家卫生计生委办公厅、环保部办公厅、财政部办公厅、住房城乡建设部办公厅《关于做好“十二五”期间农村饮水安全巩固提升及规划编制工作的通知》（发改办农经〔2016〕112 号）精神，我们编制了《安徽省农村饮水安全巩固提升工程“十三五”规划》（以下简称《规划》），并报经省政府批准同意。现将《规划》报上，请予备案。

2016 年 5 月 26 日

关于下放农村饮水安全工程初步设计审批权限的通知

（省发改委、省水利厅　皖发改设计〔2014〕223号）

各市、省直管试点县发展改革委：

按照国务院关于推进投资体制改革、转变政府职能、减少和下放投资审批事项、提高行政效能的有关原则，为加快农村饮水安全工程项目前期工作，结合党的群众路线教育实践活动和简政放权的要求，经商省水利厅，决定下放省发展改革委对农村饮水安全工程初步设计的审批权限。现就有关事项通知如下：

一、自本通知印发之日起，原来由省发展改革委商省水利厅审批的总投资在1000万元以上的农村饮水安全工程初步设计一律下放到市级发展改革委商市级水利（水务）局审批。

二、各级发展改革委要按照国家、我省有关文件精神，做好初步设计审查工作，确保工程建设质量，充分发挥投资效益，切实改善农村居民生活和生产条件。

三、各地要严格按照现行相关技术规范和标准，认真做好农村饮水安全工程勘察设计工作，着力提高设计质量。

特此通知。

2014年6月3日

关于印发《安徽省农村饮水安全工程初步设计报告编制指南（试行）》的通知

（省水利厅　皖水农〔2012〕23 号）

各市、县（市、区）水利（水务）局：

为规范我省农村饮水安全工程建设项目前期工作，提高前期工作质量，我厅组织编制了《安徽省农村饮水安全工程初步设计报告编制指南（试行）》，现印发给你们。请各地在编制新建、技改、扩大规模达到或超过千吨（万人）的农村饮水安全工程初步设计时遵照执行，不足此规模的水厂，参照执行。各地在执行中有什么意见和建议，请及时向厅农水处反馈。

附件：《安徽省农村饮水安全工程初步设计报告编制指南（试行）》（略）

2012 年 1 月 19 日

关于调整农村饮水安全工程初步设计审批权限的通知

（省水利厅　皖水农函〔2013〕1748 号）

各市、县（市、区）水利（水务）局：

为加快农村饮水安全工程前期工作，结合党的群众路线教育实践活动和简政放权的要求，经商省发展改革委同意，现将农村饮水安全工程初步设计审批权限调整事项通知如下：

一、自本通知印发之日起，原来由我厅商省发展改革委审批的总投资在 1000 万元以下的千吨（万人）规模水厂初步设计审批权限下放到市级水利（水务）局商市级发展改革委审批。

二、为了进一步规范初步设计审查审批工作，针对近年来我省农村饮水安全工程初步设计编制及审查、审批中出现的问题，我厅制定了《关于加强农村饮水安全工程初步设计市级审查审批工作的指导意见》，供各地参考。

附件：关于加强农村饮水安全工程初步设计市级审查审批工作的指导意见

2013 年 12 月 12 日

附件：

关于加强农村饮水安全工程初步设计市级审查审批工作的指导意见

根据简政放权的要求，省水利厅已将投资在1000万元以下的规模水厂初步设计审批权限下放到市级水利局，为规范农村饮水安全工程初步设计市级审查、审批工作，依据相关规程、规范，针对近年来我省农村饮水安全工程初步设计编制及审查、审批中出现的问题，制定本指导意见，具体内容如下：

一、关于设计单位资质要求

1. Ⅰ～Ⅲ型供水工程，应具有水利行业（或相关专项）或市政行业（给水工程）乙级以上设计资质；Ⅳ～Ⅴ型供水工程，应具有水利行业（或相关专项）或市政行业（给水工程）丙级以上设计资质。

2. 设计单位不得出借或借用设计资质开展农饮工程设计。设计单位应明确责任主体，合理配备相关专业人员，并认真履行各级校审制度。提供的设计报告和附图应附设计单位资质证书和设计图章。

二、关于审查审批

1. 审查审批程序

初步设计报告编制完成后，由县级水利、发展改革部门联合向市级水利部门、发展改革部门提出初步设计审批申请，具备审查条件的由市级水行政主管部门商市级发展改革部门组织审查和审批，报省水利厅核备。

2. 审查审批要求

市级水利部门在接收申请材料后应进行合规性预审，并在5个工作日内明确是否具备审查条件。若不具备审查条件，市级水利部门向申请单位说明原因，并提出明确要求；若具备审查条件，则应在7个工作日内组织审查。

审查应邀请相关专业的专家参加，形成专家审查意见。对审查结果不合格的，设计单位应修改完善后重新报审。

县级水利部门应督促设计单位按专家审查意见对设计报告进行修改完善，并形成报批稿报送市级水利部门。报批稿中应附具针对专家审查意见而进行修改的说明。

市级水利部门应在收到报批稿后15个工作日内予以批复。

三、关于审查与设计管理

初步设计审查实行专家审查和评分制。评审专家组应由工程结构、水质处理、概预算等相关专业的、有一定经验和水平的专家组成。评审专家要认真负责，专家组要对拟建水厂的规划布局、建设规模、水源条件、水处理工艺、工程概算等是否科学合理提出明确意见。各位评审专家应对设计报告和图纸提出书面审查意见，并对照评分标准（见附件），根据设计文本编制质量对报告进行评分。审查结果分优秀（90 分以上）、良好（80 ~ 90 分）、合格（60 ~ 80 分）和不合格（60 分以下）四个等级。

为提高设计质量，应采取设计费用与设计质量挂钩的方式，对质量较差的，相应扣减其设计费费率取值。

对设计单位编制的设计报告累计有两次评定为不合格的，自第二次评审为不合格之日起，该设计单位两年内不得再承接本地区农村饮水安全工程设计业务。

四、关于工程设计内容

设计单位应按《安徽省农村饮水安全工程初步设计报告编制指南（试行）》要求编制，初步设计审查时还应注意以下问题：

（一）保持工程的完整性

至于跨年度实施项目，按“整体设计，分期实施”的原则，一次性设计到位；不得为控制投资额，减少或缺失配水管网等相关内容，否则市级水利部门不应受理。此外，还应将入户部分纳入到设计中，保持工程的完整性。

（二）明确工程受益人口

报告中应明确工程受益总人口、规划内人口（包括农村居民和学校师生）及不安全类型，并将人口分解到每个村和学校。改扩建工程以及兼并原有小水厂的，还应对原有工程受益总人口和规划内人口分别进行说明，并在图上标注。

（三）合理选择水源

1. 对地表水源的应提出水源的流域面积，径流量、特征水位，库客等相关参数，分析 95% 取水保证率时水量能否满足取水水量要求。取水泵站等主体工程的地质、地形资料。

2. 取地下水的应有相应的钻探报告，或提供项目区已有参证井的成井物探报告及成井施工记录。

3. 设计报告中应附具水质检测资料，作为水质处理工艺选择的依据。水质检测资料应具有可参考性，如应选取在项目区附近的、近期的、指标齐全且由有资质单位检测的水质检测资料；取地下水的，其参证井应与拟建井在同一合水层取水；取地表水的要附丰、枯水期水源水质化验报告等。

（四）完善工程布置和制水工艺

1. 应推算拟建工程位置的防洪设计水位和校核水位，复核工程防洪安全。

2. 不应将水厂自用水量列入供水规模的计算中。取水构筑物设计中水泵设计流量计算应含水厂自用水量，还应采取防止出现水锤问题的措施。

3. 采用群井取水的，应选择合理的计算公式和参数来确定井间距，淮北地区井间距一般不应小于 500 米。

4. 管网延伸工程应提供管网接入点的设计流量、水压、水质、管径、管径等相关参数。

5. 含氟量不高于 1.0mg/L，不应计列除氟设备，但如处于高氟地区应考虑预留除氟工艺位置及生产房，小型集中式供水（指日供水在 $1000m^3$ 以下或供水人口在 1 万人以下）按 1.2mg/L 控制。

6. 改扩建工程应对原有工程位置，受益人口及范围，运行管理状况，以及对原有水厂、管网利用情况等进行说明。

7. 规模水厂不宜采用一体化净水设备。

8. 仅有一座清水池的应进行分隔，并能够单独工作和分别泄空。根据我省实际运行情况，不应采用装配式不锈钢给水箱，而应采用钢筋混凝土结构的清水池。

9，除氟过滤器数量根据计算配备，一般不需要备用。

10. 对取水工程、净水工程，输送水工程和骨干管路跨越河道、公路等交叉建筑物工程均应有相应的整体稳定分析和结构设计内容及图纸。

五、关于工程概算

1. 根据工程规模等，以地下水为水源的水厂占地面积一般控制在 3 ~ 5 亩；地表水厂一般控制在 4 ~ 6 亩。

2. 水厂房屋建筑面积

（1）以地下水为水源的水厂：水厂办公管理房（含办公室、化验室、控制室、值班室、仓库、食堂、浴室）总面积一般控制在 $300m^2$ ~ $350m^2$，生产用房面积一般控制在 $120m^2$ ~ $150m^2$。

（2）以地表水为水源的水厂：水厂办公管理房（含办公室、化验室，控制室、值班室、仓库、食堂、浴室）总面积一般控制在 $350m^2$ ~ $400m^2$，生产用房面积一般控制在 $120m^2$ ~ $150m^2$。

（3）水厂外的加压泵站，高位水池、取水泵站等用房根据实际需要建设。

3. 按规定概算中不能计列车辆，不能设计住宅用房（可考虑少量值班用房）。

4. 临时工程按建安工程投资（计算基数不含管材、管件投资）的 2.0% 控制。

5. 管道试压、清洗、消毒费用合计一般按 5 万 ~10 万元控制。

6. 资金筹措方案中应以规划内不安全人口，而不是受益总人口来测算中央和省级补助资金。

7. 要严格控制管材的价格和质量。

8. 要本着节约、实用、有利于管理的原则，从严控制工程的总体造价。

六、关于报告附图

除按编制指南要求外，还应注意以下问题：

1. 报告应附具工程所在县（市、区）的农村饮水安全工程“十二五”规划总体布置图。

2. 本工程总体布置图应标明水厂所在位置、干支管网、水厂服务范围及解决规划内不安全人口的范围等。该图应用彩色打印。

3. 配水管网应设计到入户水表井（而不能只到村口），如布置在总平面图上看不清，可另外单独附图。入户部分进行典型设计。

4. 应设计相关标志、标牌，如：标志桩、水表井盖、入户门牌、水源保护牌等。

5. 应将设计报告、概算和附图独立成册。

附件：农村饮水安全工程初步设计审查专家评分表

安徽省农村饮水安全工程初步设计审查专家评分表

项目名称：________________________

评审内容		评分	说明
指标	相关要点		
一、项目区概况及项目建设的必要性、工程建设条件（5分）	1. 项目区概况；2. 供水现状及存在问题；3. 工程建设条件		
二、设计依据及原则、工程规模（7分）	1. 设计依据；2. 供水范围；3. 明确解决农村饮水不安全问题的人数、类型；4. 供水规模；5. 时变化系数、日变化系数		
三、水源选择（10分）	1. 供水水源水量（保证率）；2. 供水水源水质；3. 供水水源选择		
四、工程总体布置（15分）	1. 给水系统方案比选；2 取水工程布置；3. 输水线路选择；4. 净水厂总体设计；5. 管材选择		
五、工程设计（35分）	1. 工程等级、类型和设计标准；2. 取水工程；3. 输水工程；4. 水厂及附属构筑物设计；5. 配水工程；6. 建筑设计；7. 结构设计；8. 电气设计；9. 自控、仪表及通讯设计；10. 水质检验仪器及设备；11. 节能设计		
六、施工组织设计、环境影响、水土保持及水源保护、工程管理（10分）	1. 施工组织设计；2. 环境影响、水土保持及水源保护；3. 工程管理		
七、设计概算、经济评价（12分）	1. 编制原则和依据；2. 设计工程量；3. 建筑、安装工程单价；4. 设备单价；5. 独立费用；6. 总概算表；7. 资金筹措方案；8. 经济评价		
八、其他（6分）	1. 报告及附件的文字、图表完整性和准确性；2. 技术创新		
报告书等级		总评分	

注：

一、报告书审查评分依据为《安徽省农村饮水安全工程初步设计报告编制指南（试行）》。

二、报告书审查指标划分为八项，总分为100分。报告书评定分为优秀、良好、合格和不合格四个等级。

三、评分少于60分或任一单项得分不合格（即单项得分与该项满分的比例小于60%）为不合格；报告书总评分在90分以上（含90分）为优秀；80分（含）~90分为良好；其余情况为合格。

四、专家组根据专家的专业特长指定专家负责评审部分内容；每位专家在听取其他专家对设计报告的评审意见后，结合个人看法，对报告进行评分。

审查专家：

年　月　日

关于抓紧编制《农村饮水安全巩固提升工程精准扶贫实施方案（2016—2018）》的通知

（省水利厅　皖水农函〔2016〕34 号）

各市、县（市、区）水利（水务）局：

近期，省委、省政府印发《关于坚决打赢脱贫攻坚战的决定》，提出了把精准扶贫、精准脱贫作为基本方略，确保农村贫困人口实现脱贫、贫困县全部摘帽，解决区域性整体贫困，并提出了实施水利建设扶贫工程。省委办公厅、省政府办公厅近期还将出台《关于水利建设扶贫工程的实施意见》。农村饮水安全巩固提升工程是水利建设扶贫的重要内容、按照省委、省政府的总体部署，为做好农村饮水安全巩固提升精准扶贫工作，现就专项实施方案（2016—2018）编制工作通知如下：

一、高度重视方案编制工作

脱贫攻坚事关百姓福祉和发展大局，既是民生问题，也是政治问题。农村饮水安全是基层群众最现实、最直接、最关心的问题之一，是实施水利建设扶贫工程的重点。各级水利部门要高度重视，充分认识这项工作的重要性和紧迫性，集中人力、物力，深入群众，调查摸底，编制科学合理的实施方案，做到精准识别、精准帮扶，为确保如期完成农饮工程扶贫任务奠定基础。

二、明确目标任务

在 2018 年底前，采取以适度规模集中供水为主、分散式供水为辅的方式，实现我省建档立卡的 3000 个贫困村。“村村通”自来水，解决贫困人口（包含贫困村外的贫困人口）的饮水不安全问题。

三、摸清贫困人口饮水现状和需求

县级水利部门要依据同级扶贫部门提供的截至 2015 年底贫困村、“贫困人口的建档立卡资料，逐村、逐户调查核实贫困村通水、贫困人口饮水安全情况”，明确待通水的贫困村和饮水不安全贫困户名单，做到精准识别。各地务必确保数据真实、准确，省、市两级将组织进行抽查、核实，发现虚报、漏报等，将追究相关单位和人员的责任，并责成相关单位重新编报。

四、科学编制方案

（一）合理确定供水工程类型。解决贫困村自来水村村通、贫困户饮水安全问题，原则上应建设适度规模集中式供水工程；对于插花分布的贫困户确实难以通过集中供水方式解决的，也可建设少量分散供水设施。

（二）统筹解决区域农村人口饮水问题。各地要结合农村饮水巩固提升工程“十三五”规划，考虑统筹解决区域内农村人口的饮水问题。本次精准扶贫实施方案应全部纳入县级农村饮水安全巩固提升工程“十三五”规划范围。

（三）建立贫困村和贫困人口台账制度。县级水利部门要建立贫困人口安全饮水工作台账，逐村逐户解决饮水问题。各县要编制年度实施方案，实行逐年验收、逐年销号，确保2018年底前全部解决。

（四）合理确定工程标准和投资规模。据了解，“十三五”期间农村饮水安全巩固提升工程中央投资将大幅度降低，约为“十二五”期间的40%。建设资金由地方筹措，中央和省级适当补助。各地按照尽力而为、量力而行的原则，合理确定县级农村饮水安全巩固提升工程“十三五”投资规模。省级将各县确定的规划目标和建设任务作为对县级考核的依据。县级“十三五”规划中还应包括涉及非贫困人口农饮工程的巩固提升工程。各地要统筹考虑，合理确定本实施方案的工程建设标准和总体投资规模。

五、按时报送相关成果

各县（市、区）水利部门应会同发改、扶贫等部门，落实编制单位和人员，于1月31日前完成《县级农村饮水安全巩固提升工程精准扶贫实施方案（2016—2018）》编制并报市水利部门。市水利部门会同同级发改、扶贫等部门对县级实施方案组织技术审查后，于2月15日前汇总报送至我厅（一式三份），同时电子版发送至联系人邮箱。

联系人：王常森　电话：0551-62128164

电子邮箱：ahncys@163. com

附件：1. 县级农村饮水安全巩固提升工程精准扶贫实施方案（2016—2018）编写提纲

2. 县级农村饮水安全巩固提升工程精准扶贫实施方案（2016—2018）有关表格（略）

3. 市级农村饮水安全巩固提升工程精准扶贫实施方案（2016—2018）汇总表格（略）

2016年1月12日

附件1：

县级农村饮水安全巩固提升工程精准扶贫实施方案（2016—2018）编写提纲

1　农村饮水工程现状

1.1　自然地理、社会经济和水资源概况

简述全县（市、区）地形地貌、河流水系分布和水文地质等；行政区划及乡镇和行政村数量、人口（其中农村供水人口）和主要社会经济指标；水资源开发利用和水污染状况等。

说明全县（市、区）贫困村、贫困人口及分布情况。

1.2　农村饮水工程基本情况

简述农村供水工程状况和管理运行现状（每处规模水厂均应分别叙述）、农村饮用水源保护情况。

说明全县（市、区）贫困村、贫困人口供水情况、供水方式和供水设施等。

1.3　当前贫困人口农村饮水存在的主要问题

从饮水安全工程保障、水质保障、工程运行维护等方面说明农村饮水存在的主要问题。

2　实施农村饮水安全巩固提升工程精准扶贫的必要性

2.1　农村饮水安全巩固提升精准扶贫需求分析

根据“十三五”农村饮水安全巩固提升工程评价标准，结合当地实际，从供水水质、供水水量、方便程度、供水保证率以及工程配套状况、工程老化程度、运行管护和水源保护等方面进行需求分析。

2.2　实施农村饮水安全巩固提升工程精准扶贫的必要性

从全面建成小康社会、实施脱贫攻坚、提高农民健康水平等方面简述必要性。

3　指导思想与目标任务

3.1　编制依据

3.2　实施范围与水平年

3.3　指导思想与基本原则

3.4　目标任务

4　总体布局与工程建设内容

4.1　建设标准

（1）根据需要配备完善和规范使用水质净化消毒设施，使供水水质达到《生活饮用水卫生标准》（GB 5749—2006）的要求。

（2）改造和新建的集中式供水工程供水量参照《安徽省农村饮水安全工程初步设计报告编制指南（试行）》（皖水农〔2012〕23号）、《村镇供水工程设计规范》（SL 687—2014）等确定，满足不同地区、不同用水条件的要求。以居民生活用水为主，统筹考虑饲养畜禽和二、三产业等用水。

（3）改造和新建的集中式供水工程供水到户。

（4）改造和新建的设计供水规模200m^3/d以上的集中式供水工程供水保证率一般不低于95%，其他小型供水工程或严重缺水地区不低于90%。

（5）改造和新建的供水工程各种构筑物和输配水管网建设应符合相关技术标准要求。

4.2　总体布局

总体布局应与农村饮水巩固提升工程“十三五”规划以及当地村镇发展规划、新农村建设规划和水资源中长期规划等相协调。

4.3　工程实施方案

根据划定的供水分区，合理确定分区内供水工程主要建设内容。简述单个规划供水工程受益范围、解决的贫困村和贫困人口、用水量预测情况、供水规模、水源情况、净水工艺选择、净水厂厂址、主要建设内容等。

4.4　主要成果统计

（1）供水工程改造与建设

通过供水管网延伸、改造、配套、联网等措施，统筹解决部分地区仍然存在的工程标准低、规模小、老化失修以及水污染、水源变化等原因出现的贫困村和贫困人口农村饮水安全不达标、易反复等问题。

（2）水处理设施改造配套工程

通过改造水厂净化工艺、配套消毒设备等措施，解决因水厂水处理设施不完善影响供水水质的突出问题。以提高水质达标率为核心，重点对一定规模以上现有工程进行改造。

5 典型工程设计

5.1 典型工程的选择

5.2 典型工程设计

根据《安徽省农村饮水安全工程初步设计报告编制指南（试行）》（皖水农〔2012〕23号）、《村镇供水工程设计规范》（SL 687—2014）等进行典型工程设计。典型工程数量按不同类型、不同规模确定，各类典型工程一般不少于1处，典型工程总数不少于3处。主要内容包括工程概况、工程规模、水源选择、工程技术方案、工程设计、主要工程量与投资，以及设计图等，明确典型工程估算指标。

6 工程管理改革

包括工程产权改革、管理机构建立、管理制度建设、水价及收费机制、工程运行机制等。

7 投资估算与资金筹措

7.1 编制依据

简述投资估算的依据和原则等。

7.2 投资估算

简述投资估算方法及主要成果。本次实施方案通过以点带面，采取典型工程法估算全县（市、区）农饮扶贫工程的投资规模。

7.3 资金筹措

明确资金来源渠道，提出中央、省级、市县筹集资金的数量及比例，对吸引各类社会资金参与建设的，也要提出相应方案。

8 分期实施意见

提出 2016—2018 年每一年实施的工程、解决贫困村名称及贫困人口数量、投资等。

9 保障措施

附件：

1. 附图：县级农村饮水安全巩固提升精准扶贫工程总体布置图（略）
2. 典型工程设计（略）

关于加强中小型公益性水利工程建设项目法人管理的指导意见的通知

（水利部　水建管〔2011〕627号）

部机关各司局，部直属各单位，各省、自治区、直辖市水利（水务）厅（局），各计划单列市水利（水务）局，新疆生产建设兵团水利局：

为贯彻落实2011年中央一号文件和中央水利工作会议精神，适应大规模水利建设的需要，进一步加强中小型水利工程建设项目法人管理，提高项目管理水平，确保工程建设的质量、安全、进度和效益，根据有关规定，我部制定了《关于加强中小型公益性水利工程建设项目法人管理的指导意见》，现印发给你们，请结合实际参照执行。

附件：水利部关于加强中小型公益性水利工程建设项目法人管理的指导意见

2011年12月8日

附件：

水利部关于加强中小型公益性
水利工程建设项目法人管理的指导意见

为贯彻落实2011年中央一号文件和中央水利工作会议精神，适应大规模水利建设的需要，加强中小型公益性水利工程建设管理，整合基层技术力量，规范建设管理行为，提高项目管理水平，确保工程建设的质量、安全、进度和效益，根据国家水利工程建设项目法人组建有关规定和中小型水利工程建设实际，经研究，现提出以下意见：

一、规范项目法人组建

（一）本意见所称中小型公益性水利工程建设项目是指政府投资和使用国有资金、由县级（包括县级以下）负责实施的中小型公益性水利工程建设项目，主要包括小型病险水库（闸）除险加固、中小河流治理、农村饮水安全、中小型灌区续建配套与节水改造、中央财政补助小型农田水利设施建设、牧区水利、节水灌溉、水土保持等项目。

（二）中小型公益性水利工程建设项目实行项目法人责任制。中小型公益性水利工程建设项目法人（以下简称项目法人）是项目建设的责任主体，具有独立承担民事责任的能力，对项目建设的全过程负责，对项目的质量、安全、进度和资金管理负总责。水行政主管部门应加强对项目法人的指导和帮助。水行政主管部门主要负责人不得兼任项目法人的法定代表人。

（三）大力推广中小型公益性水利工程建设项目集中建设管理模式。按照精简、高效、统一、规范和实行专业化管理的原则，县级人民政府原则上应统一组建一个专职的项目法人，负责本县各类中小型公益性水利工程的建设管理，全面履行工程建设期项目法人职责，工程建成后移交运行管理单位。对项目类型多、建设任务重的县，可分项目类别组建项目法人或由项目法人分项目类别组建若干个工程项目部，分别承担不同类别水利工程的建设管理职责。对有能力独立实施中小水利工程建设的乡镇，县级水行政主管部门应加强对其的业务指导和监管。

有条件的县可组建常设的项目法人，办理法人登记手续，落实人员编制和工作经费，承担本县水利工程的建设管理职责。

（四）实行集中建设管理模式的中小型水利工程，项目法人由县级人民政府或其委托的同级水行政主管部门负责组建，报上一级人民政府或其委托的水行政主管部门批准成立，并报省级水行政主管部门备案。县级水行政主管部门是项目法人的主管部门。

（五）项目法人组建方案的主要内容包括：

1. 项目法人名称、办公地址。

2. 拟任法定代表人、技术负责人、财务负责人简历，包括姓名、年龄、文化程度、专业技术职称、工程建设管理经历等。

3. 机构设置、职能及管理人员情况。

4. 主要规章制度。

5. 其他有关资料，包括独立法人单位证明等。

二、健全项目法人机构

（一）项目法人的人员配备要与其承担的项目管理工作相适应，具备以下基本条件：

1. 法定代表人应为专职人员，熟悉有关水利工程建设的方针、政策和法规，具有组织水利工程建设管理的经历，有比较丰富的建设管理经验和较强的组织协调能力，并参加过相应培训。

2. 技术负责人应为专职人员，具有水利专业中级以上技术职称，有比较丰富的技术管理经验和扎实的专业理论知识，参与过类似规模水利工程建设的技术管理工作，具有处理工程建设中重大技术问题的能力。

3. 财务负责人应为专职人员，熟悉有关水利工程建设经济财务管理的政策法规，具有专业技术职称和相应的从业资格，有比较丰富的经济财务管理经验，具有处理工程建设中财务审计问题的能力。

4. 人员结构合理，应有满足工程建设需要的技术、经济、财务、招标、合同管理等方面的管理人员，人员数量原则上应不少于12人，其中具有各类专业技术职称的人员应不少于总人数的50%。

（二）项目法人应有适应工程建设需要的组织机构，一般应设置综合、计划财务、工程技术、质量安全等部门，并建立完善的工程质量、安全、进度、投资、合同、档案、信息管理等方面的规章制度。

三、明确项目法人职责

（一）项目法人是中小型公益性水利工程建设的责任主体，其主要职责是：

1. 按照基本建设程序和批准的建设规模、内容、标准组织工程建设，按照有关规定履行设计变更的审核与报批工作。

2. 根据工程建设需要组建现场管理机构并负责任免其行政、技术、财务负责人。

3. 负责办理工程质量监督、开工申请报告报批手续。

4. 负责与地方人民政府及有关部门协调落实工程建设外部条件。

5. 依法对工程项目的勘察、设计、监理、施工和材料及设备等组织招标，签订并严格履行有关合同。

6. 组织编制、审核、上报项目年度建设计划和建设资金申请，配合有关部门落实年度工程建设资金，按时完成年度建设任务和投资计划，严格按照概预算控制工程投资，用好、管好建设资金。

7. 负责监督检查现场管理机构建设管理情况，包括工程投资、工期、质量、安全生产和工程建设责任制等情况。

8. 负责组织制订、上报在建工程度汛方案，落实安全度汛措施，并对在建工程安全度汛负责。

9. 负责按照项目信息公开的要求向项目主管部门提供项目建设管理信息。

10. 负责组织编制竣工财务决算。

11. 按照有关规定和技术标准组织或参与工程验收工作。

12. 负责工程档案资料的管理，包括对各参建单位所形成档案资料的收集、整理、归档工作进行监督、检查。

（二）现场建设管理机构作为项目法人的派出机构，其职责应根据实际情况由项目法人制定。

（三）县级人民政府可成立工程建设领导协调机构，加强对中小型公益性水利工程建设的组织领导，协调落实工程建设地方配套资金和征地拆迁、移民安置等工程建设相关的重要事项，为工程建设创造良好的外部条件。

四、加强对项目法人的监督管理

（一）建立和完善对项日法人的考核制度，建立健全激励约束机制，加强对项目法人的监督管理。对项目法人及其法定代表人、技术负责人、财务负责人（以下简称考核对象）的考核管理工作由其项目主管部门或上一级水行政主管部门（以下简称考核组织单位）负责。

（二）考核工作要遵循客观公正、民主公开、注重实绩的原则，实行结果考核与过程评价相结合、考核结果与奖惩措施相挂钩、建设管理责任可追溯的考核制度。

（三）对项目法人的考核一般包括年度考核和项目考核，对法定代表人、技术负责人、财务负责人的考核一般包括年度考核和任期考核。考核组织单位要根据考核对象的职责，细化考核内容、考核指标和考核标准，重点考核工作业绩，并建立业绩档案。

（四）根据考核情况，考核组织单位可在工程造价、工期、质量和安全得到有效控制的前提下，对做出突出成绩的法定代表人及有关人员进行奖励，奖金可在建设单位管理费或结余资金建设单位留成收入中列支。

（五）根据考核情况，结合各级有关部门开展的检查、稽查、审计等情况，考核组织单位可对不称职的法定代表人及有关人员进行处罚和调整。

（六）项目法人及相关人员的信用信息纳入水利建设市场主体信用体系，不良行为记录按照有关规定予以公告。

五、试行代建制等管理方式

（一）试行代建制。具备条件的地区，可以在中小型公益性水利工程建设管理中试行代建制，由项目法人通过招标选择专业化的项目建设管理单位（代建单位），负责组织实施工程建设。

（二）试行总承包制。具备条件的地区，可以在中小型公益性水利工程建设管理中试行总承包制，由项目法人通过招标选择具有总承包资质的单位，实行项目总承包。

（三）村民自建的小型民生水利工程建设项目，经县级水行政主管部门批准，可通过成立村民理事会或不同形式的合作组织等方式履行项目法人职责。

关于加强农村饮水安全工程质量管理工作的通知

（水利部办公厅　办农水〔2015〕149号）

各省、自治区、直辖市水利（水务）厅（局），新疆生产建设兵团水利局：

为提高农村饮水安全项目工程质量水平，确保农村饮水安全工程建得好、长受益，在加快工程建设进度、按期完成年度目标任务的同时，现就加强农村饮水安全工程质量管理工作通知如下：

一、进一步落实质量管理责任

针对2015年度各地大量项目审批权限下放到市、县（区），个别地方审批把关不严，基层技术力量薄弱等问题，各省级水行政主管部门要加强项目实施过程中的技术指导和帮扶。地方各级水行政主管部门要加强督查，督促检查各参建单位履行质量责任。项目法人对农村饮水安全工程质量负总责，严格履行与参建单位签订的各类合同文件中的质量条款。工程勘察设计单位对农村饮水安全项目勘察、设计质量负责。施工单位加强施工过程质量控制，对农村饮水安全工程施工质量负责。监理单位要强化现场监控，对农村饮水安全工程质量承担监理责任。政府质量监督部门要切实履行质量监督责任，工程建设过程接受社会监督，规范建立全方位的、责任落实的工程质量监控体系，确保农村饮水安全工程建设质量。

二、加强重点环节的质量管理

农村饮水安全工程要重点加强对水源工程、水质净化和消毒设施设备、管网工程的质量管理，严格执行有关村镇供水工程技术规范要求。水源工程要加强对水源进行勘察和论证，确保水源水量充沛、水质良好、便于卫生防护。水质净化工艺应根据水处理的规模、原水水质以及相关规范，经技术经济比较后优选确定，且必须有消毒设施，确保出厂水和管网末梢水水质达标。消毒工艺应与水质、规模和管理条件等相适应。管材采购要严格质量控制，管材进场后要进行物理和卫生性能抽样检验，管道安装施工要满足埋深及防冻要求，输配水管道安装完成后应按规定进行水压试验和冲洗消毒。供水单位应根据供水规模及具体情况建立水质检验制度。

三、强化对施工质量的过程管理

建筑材料、构配件和设备进场时，必须严格执行质量检验的相关规定，杜绝不合格建筑材料设备进入施工现场。加强施工质量检测工作，施工单位应当依据工程设计要求、施工技术标准和合同约定进行自检，监理单位按监理规范或合同约定执行平行检测和跟踪检测，项目法人对施工单位自检和监理单位抽检过程进行督促检查。参建各方应严格按照有关规定、规程要求，做好农村饮水安全项目的施工质量评定与验收工作。重要隐蔽单元工程及关键部位单元工程质量需经项目法人、监理、设计、施工等单位联合检查合格后，方可覆盖或进行下一工序施工。工程质量未达到要求的，应及时采取整改措施，直至符合工程质量验收标准后，方可通过验收。

四、切实加强质量监督工作

农村饮水安全工程的政府质量监督原则上由项目所在地的市级或县级水行政主管部门负责，以抽查和巡查方式为主进行。要结合农村饮水安全项目特点，探索行之有效的监督模式，提高监督管理效能。提倡用水户全过程参与，主动接受社会和受益群众的监督。完善质量风险管理工作机制，加大农村饮水安全工程质量隐患整治力度，及时开展质量隐患排查和施工质量通病治理。督促参建单位落实质量事故报告制度，做好农村饮水安全工程质量事故处置工作。加强对农村饮水安全项目工程质量的督导检查，对发现的问题及时提出整改意见，落实整改措施，限期进行整改，严肃查处质量违规违法行为。

2015 年 8 月 4 日

关于进一步规范中小型水利工程建设项目法人工作的通知

（省水利厅 皖水基〔2012〕293 号）

各市水利（水务）局，广德县水务局、宿松县水利局，厅直属有关单位：

为适应大规模水利建设的需要，加强中小型水利工程建设管理，规范建设管理行为，根据水利部《关于加强中小型公益性水利工程建设项目法人管理的指导意见》（水建管〔2011〕627 号）等有关规定，结合我省实际，现就进一步规范中小型水利工程建设项目法人工作通知如下：

一、高度重视项目法人组建工作

项目法人责任制是水利建设的核心制度，各地各单位要高度重视，切实加强领导，重视项目法人组建工作，充实项目法人力量，规范项目法人行为，确保项目法人发挥建设管理的核心作用。

二、明确项目法人组建原则与程序

我省中小型水利工程应按照专业化管理的要求，集中组建项目法人。工程建设内容和治理范围跨县（区）的中型水利工程，原则上以市为主体组建项目法人，相关县区可设立现场管理机构；不跨县（区）的中小型水利工程，一般由县（区）集中组建一个项目法人，可分项目类型设立若干工程建设现场管理机构，分别承担不同类型项目的现场建设管理职责。由市级组建项目法人的，其组建方案经省水利厅审查后，报市政府批准组建；由县（区）组建项目法人的，组建方案经市级水行政主管部门审查后，报县（区）政府批准组建，报省水利厅备案，现场建设管理机构由项目法人组建。

三、健全项目法人内设机构

项目法人应有适应工程建设需要的组织机构，一般应设置综合、计划财务、工程技术与质量安全等部门，各部门应分工合理，职责明确，能较好完成项目法人承担的质量安全、工程技术、计划、财务、合同管理、档案及内部管理、征迁与外部环境协调等全部工作。项目法人根据需要设立现场建设管理机构作为其派出机构的，应根据实际情况明确现场建设管理机构的职责，做到责任落实，监管到位。

四、合理配备管理与技术人员

法定代表人一般应为专职人员，熟悉有关水利工程建设的方针、政策和法规，具有比较丰富的建设管理经验和较强的组织协调能力，参加过相应培训并取得合格证书。水行政主管部门主要负责人原则上不兼任项目法人的法定代表人，考虑到便于加强对外协调和内部管理，由主要负责人兼任项目法人的法定代表人的，应另设常务负责人，专职负责项目法人日常工作；技术负责人应为专职人员，具有水利专业中级以上技术职称或同等专业技术水平，有比较丰富的技术管理经验和扎实的专业理论知识，参与过类似规模水利工程建设的技术管理工作，具有处理工程建设中重大技术问题的能力；财务负责人应为专职人员，熟悉有关水利工程建设经济财务管理的政策法规，具有专业技术职称和相应的从业资格，有比较丰富的经济财务管理经验，具有处理工程建设中财务审计问题的能力；法人机构的人员结构要合理，应有满足工程建设需要的技术、经济、财务、合同管理等方面的管理人员，总人数一般不少于9人，具有各类专业技术职称的人员（含同等专业技术水平）一般不少于总人数的50%。

五、健全项目法人工作机制

项目法人应健全规范高效的工作机制，一是要建立领导制度，明确班子分工，重大事项集体决策程序等；二是要实行重大事项报告制度，项目建设过程中遇到重大事项，应按规定及时向上级有关部门报告；三是要完善会议制度，采取办公会、专题会议等方式，研究有关事项；四要是理顺工作机制，规范公文审批、印章管理、信息通报等制度，确保项目法人各项工作顺利衔接。

六、完善法人内部制度

项目法人应建立完善的工程质量、安全、进度、投资、合同、档案、信息及内部管理等方面的规章制度，做到按制度管人、按制度办事，使项目法人的工作规范化、制度化、程序化。项目法人应参照本通知附件《安徽省中小型水利工程建设项目法人主要参考规章制度范本》，制定有关规章制度，并结合实际进行补充和完善。

七、严格质量和资金管理

项目法人要以工程质量和资金监管为重点，加强中小型水利项目管理，要主动接受政府的质量监督，督促各参建单位认真履行质量管理职责，充分利用平行检测、竣工检测等技术手段，强化建设过程的原材料、中间产品的质量检测和验收前的质量控制；要认真把好价款结算关口，强化投资控制，严格资金管理，对建设资金不拨付到项目法人账户、实行财政集中支付的项目，项目法人要专门设立备查账簿，按照国有建设单位会计制度和基本建设财务管理制度，做好会计核算和财务管理工作，确保建设资金安全、有效利用。

八、强化建设管理绩效考核

项目法人要建立内部考核奖惩制度，加强对内设机构和人员的考核，考核工作要突出工程质量、进度、投资和安全等各项建设目标，通过考核促进内部管理高效有序，保证建设管理程序合规、规范运作。

特此通知。

附件：安徽省中小型水利工程建设项目法人主要参考规章制度范本（略）

2012年8月30日

关于开展农村饮水安全工程管材质量省级监督抽查工作的通知

（省水利厅　皖水农函〔2012〕1165号）

各市水利（水务）局，广德县水务局、宿松县水利局：

为加强农村饮水安全工程管材质量监督，保证饮水安全工程建设质量，结合正在开展的2012年“质量月”活动，经研究决定，开展农村饮水安全工程管材质量省级监督抽查（以下简称“省级抽检”）工作。现将有关事项通知如下：

一、高度重视管材质量监督抽查活动

农村饮水安全工程是全省统一实施的民生工程。其中管材约占总投资的1/3左右，其质量好坏直接影响着整体工程质量。各地要高度重视农村饮水安全工程管材质量，切实做好监督抽查工作。

二、做好省级抽检的配合工作

近期，省水利厅将委托省农村饮水管理总站以及有资质的检测单位组织开展省级抽检工作。各地要支持和配合抽检工作，协调施工企业、监理单位、管材生产厂家等，做好现场取样、签字确认、样品封存等工作，保证此项工作顺利开展。

三、抓紧开展各地管材抽检工作

农村饮水工程量大面广，而省级抽检范围有限。各地应结合自身实际，经常性地委托有资质的检测单位，开展管材抽检工作，对管材检测不合格的生产企业，要采取严厉处罚措施，不断提高管材质量，确保农村饮水工程安全。

2012年9月20日

关于进一步加强农村饮水安全工程建设管理的通知

（省水利厅　皖水农函〔2013〕422 号）

各市、县（市、区）水利（水务）局：

2013 年 3 月 13 日至 4 月 1 日，水利部水利工程建设稽察办公室派出稽察组，对我省农村饮水安全工程 2012 年度项目实施情况开展专项稽查。稽察组对工程建设与管理工作总体上予以了肯定，但也指出了存在的主要问题，提出了整改意见。为进一步规范农村饮水安全工程的建设管理工作，现将有关事项通知如下：

一、高度重视并切实解决当前工作中存在的问题

从本次稽查情况来看，我省农村饮水安全工程建设管理主要存在以下问题：一是部分项目法人组建不规范。部分县区未组建法人机构；有的未明确项目法人代表、技术负责人等；有的项目法人内部未设立质量管理、财务管理机构等。二是前期工作深度不够。有的实施方案编制简单，对于管网延伸工程未进行水量、水压的综合论证；新建水厂缺少水文地质资料和实测厂区布置地形图；河道引水的取水构筑物缺少防洪设计内容；引山泉水工程未进行水源防护设计；设计概算将所有工程打捆，无法区分单项工程投资额。三是不少地方工程投资计划管理水平有待提高。省级下达任务指标后，县区未及时将指标分解至单项工程；不同阶段（规划、设计、招标、完成）的统计数据相互矛盾；任务完成情况（解决人口、户数等）缺乏支撑材料。四是资金使用和管理不够规范。有的未按照基本建设项目单独建账、单独核算；项目建设成本核算不完整；质量保证金扣留比率偏高；会计核算不符合规定；工程款支付和结算不规范。五是部分项目存在工程质量缺陷。有的建筑物钢筋间距绑扎不均匀；砼保护层厚度不满足设计要求；砼表面存在错台、胀模和蜂窝麻面；施工单位未按规范施工，监理单位未严格履行监理职责。

这些问题直接影响着农村饮水安全工程质量和效益发挥，各地要引起高度重视。对照上述问题各地要认真开展自查自纠，抓紧采取有效措施切实解决农村饮水安全工程建设中存在的问题。

二、健全工程建设项目法人责任制

项目法人是工程建设的责任主体，对工程建设的质量、进度、资金和生产安全负总责。项目法人的组建方案、机构设置、人员配备、内部制度、工作机制等，要按照省水利厅《关于进一步规范中小型水利工程建设项目法人工作的通知》（皖水基〔2012〕293

号）执行。农村饮水安全工程建设项目法人，原则上由县（市、区）水行政主管部门组建，报县级人民政府批准，抄报省、市级两级水行政主管部门备案。水行政主管部门应加强对项目法人的指导和帮助。水行政主管部门主要负责人不得兼任项目法人的法定代表人。

各地尚未成立项目法人的，应抓紧按规定组建，组建不规范的，应及时纠正。

三、扎实做好工程建设前期工作

各地要落实农村饮水安全前期工作经费，认真做好勘察设计等前期工作。设计单位的选择应满足《建设工程勘察设计资质管理规定》要求，设计深度要满足《村镇供水工程技术规范》等相关规定和省水利厅《关于印发〈安徽省农村饮水安全工程初步设计报告编制指南（试行）〉的通知》（皖水农〔2012〕23号）要求。管网延伸工程，要对现有供水工程水量、水质、水压进行综合论证；对以山泉水、溪流水等为供水水源的小型集中供水工程，也应采取定性与定量结合的方式，进行供水保证率分析。要严格按照实际用水需求设计工程规模，避免设计规模与实际用水需求差距较大。

工程项目的选择和内容应严格遵守经批复的《县级农村饮水安全工程“十二五”规划》。

四、加强工程建设项目计划管理

从今年开始，省级任务指标下达后，县级水行政主管部门应及时会同县发展改革部门、县财政部门，根据前期工作进展情况，将当年任务指标分解至单项工程，并将建设任务下达到农村饮水安全工程建设项目法人，同时抄送省、市水行政主管部门。项目法人应严格按照下达的任务指标认真组织实施，及时向县级水行政主管部门报送工程统计信息。

为准确统计指标完成情况，对所有管网入户工程实行实名登记制度。在村委会的协助下，建设单位要登记入户农户的姓名、家庭人数、住址、入户材料费用、联系电话等信息，形成入户花名册，并经受益农户签字认可。受益农户入户花名册作为工程建设资料予以保存。

五、规范工程建设资金管理

各地要采取有效措施，确保配套资金及时足额到位。严格执行省财政厅、省水利厅《安徽省农村饮水安全项目资金管理暂行办法》（财建〔2007〕1255号）及其补充规定，结合项目实际，制定完善内部财务管理制度办法，进一步完善县级资金报账制，确保建设资金专款专用。项目法人单位必须设置财务会计机构，配备合格财会人员，依照财政部《国有建设单位会计制度》，并按概算（或初步设计）批复的项目单独建账，进行会计核算，确保工程项目成本真实。不得用行政事业单位会计制度进行建设项目成本核算。严格合同签订、履行和管理，按照《建设工程价款结算暂行办法》支付工程预付款、进度款和工程尾款，收取和退还工程履约保证金、质量保证金。按照水利部《水利基本建设项目竣工财务决算编制规程》（SL 19—2008）要求，组织编报项目竣工财务决算报告，及时申请项目竣工决算审计和竣工验收，办理竣工交付资产移交手续。

六、加强工程建设质量管理

工程建设要严格按照审批的设计方案组织施工，确需设计变更的要严格按规定办理相关变更手续。工程施工要严格项目管理，杜绝层层分包或违法分包。日供水 1000 立方米或者供水人口 1 万人以上的供水工程，要严格执行项目法人责任制、招标投标制、工程监理制和合同管理制。施工单位要具备相应资质，建立项目法人负责、施工单位保证、监理单位控制、政府部门监督的质量管理体制。对采购的管材、水泥等材料设备以及管网铺设、构筑物施工质量，必须及时进行质量检测。对所有供水工程的水源水、出厂水必须进行水质检测，按规范要求安装和使用水质处理和消毒设施，确保供水水质达标。

2013 年 4 月 9 日

关于印发《安徽省农村饮水安全工程管材管件供货单位不良记录管理办法》的通知

（省水利厅　皖水农函〔2013〕1686号）

各市水利（水务）局，广德、宿松县水利（水务）局，各有关单位：

为加强农村饮水安全工程管材管件供货单位市场行为管理，健全失信惩戒机制，省水利厅制定了《安徽省农村饮水安全工程管材管件供货单位不良记录管理办法》，并通过省政府法制办合法性审查。现印发给你们，请遵照执行。

附件：《安徽省农村饮水安全工程管材管件供货单位不良记录管理办法》

2013年12月11日

附件：

安徽省农村饮水安全工程管材管件供货单位不良记录管理办法

第一条　为加强安徽省农村饮水安全工程管材管件供货单位市场行为信息管理，依据水利部《水利建设市场主体不良行为记录公告暂行办法》及国家有关规定，制定本办法。

第二条　本办法适用于参与安徽省农村饮水安全工程建设活动的管材管件供货单位不良行为记录和公告。

本办法所称的不良行为，是指在安徽省从事农村饮水安全工程建设活动的管材管件供货单位，违反有关法律、法规和规章，受到县级以上人民政府、水行政主管部门或相关专业部门的行政处理的行为；对于违反安徽省农村饮水安全工程建设有关规章制度、存在合同履行严重不到位、影响工程建设的行为，参照不良行为管理。

本办法所称的不良行为记录，是指省水行政主管部门根据不良行为性质和情节，认定为 A、B 两个等级的不良行为记录，并予以公告。

第三条　省水行政主管部门负责全省农村饮水安全工程管材管件供货单位不良行为记录采集、认定和公告。

市、县水行政主管部门依照管理权限，负责本辖区内农村饮水安全工程管材管件供货单位不良行为记录采集和报送，配合省水行政主管部门开展不良行为记录认定和公告。

第四条　农村饮水安全工程管材管件供货单位不良行为记录管理工作应坚持准确、及时、客观、公正的原则。

第五条　具有水利部《水利建设市场主体不良行为记录公告暂行办法》认定标准中规定的情形，受到行政处罚的，应认定作为 A 级不良行为记录，并对下列情形予以重点监管：

1. 伪造、变造资格、资质证书或者其他许可证件骗取中标，以及其他弄虚作假骗取中标情节严重的行为；

2. 投标人相互串通投标或者与招标人串通投标的；

3. 非因不可抗力原因，中标人不按照与招标人订立的合同履行义务的；

4. 在产品供货过程中，以假充真，以次充好，或者以不合格产品冒充合格产品的；

5. 因管材管件质量问题造成工程质量事故的；

6. 其他违法行为受到行政处罚的。

第六条　管材管件供货单位存在水利部《水利建设市场主体不良行为记录公告暂行办法》认定标准中规定的情形，造成一定的不良影响和后果，但未受到行政处罚的，应作为 B 级不良行为记录；存在以下情形之一，造成一定的不良影响和后果的，视同 B 级不良行为：

1. 在参加信用档案备案时，存在弄虚作假行为的；

2. 无正当理由放弃投标、中标，投标报价超出最高限价、以无效资料投标以及其他有意造成无效投标文件的；

3. 因管材管件供货单位原因，投标文件承诺或合同约定的人员、设备、材料未到现场的；

4. 因管材管件供货单位原因造成停工、拖延工程工期，不能按期完工，或完工后不能及时组织验收的；

5. 因管材管件供货单位原因，被建设单位解除合同的；

6. 不接受质量监督机构监督以及造成工程质量较大缺陷的；

7. 其他影响管材质量和进度的违规行为，受到项目法人或县以上水行政主管部门通报的。

第七条　管材管件供货单位存在第五条、第六条情形，未造成不良影响和后果的，由主管部门或项目法人下达警示通知书，要求限期整改，整改不力的，视其情节，按照第五条、第六条规定，认定为不良行为。

第八条　质量和安全监督机构、项目法人、监理等单位和人员发现农村饮水安全工程建设活动中管材管件供货单位的不良行为，应及时报告水行政主管部门。

市、县水行政主管部门对有关单位和人员报告的管材管件供货单位不良行为记录应及时进行核实、上报。

省水行政主管部门对各市、县水行政主管部门上报的管材管件供货单位不良行为记录以及其他单位、部门和人员报送的管材管件供货单位不良行为记录，经核实后认定、公告。

第九条　各有关单位和人员对所报送的不良行为记录的真实性负责，市、县水行政主管部门对报送的不良行为记录的准确性负责。

第十条　省水行政主管部门认定管材管件供货单位不良行为记录后 20 个工作日内，通过安徽水利信息网或安徽水利建设市场信息管理平台公告。

不良行为记录公告的基本内容为：被处理的管材管件供货单位名称、具体行为、处理依据、处理决定和意见、处理时间和处理机关等。

第十一条　不良行为记录公告期限为 6 个月，公告期满后，转入后台保存。依法限制管材管件供货单位主体资格等方面的行政处理决定，所认定的限制期限长于 6 个月的，公告期限从其决定。

第十二条　管材管件供货单位不良行为记录公告不得公开涉及国家秘密、商业秘密、个人隐私的记录。但是，经权利人同意公开或者行政机关认为不公开可能对公共利益造成重大影响的涉及商业秘密、个人隐私的不良行为记录，可以公开。

第十三条　省水行政主管部门在不良行为记录公告前应告知被公告单位，被公告单位有权进行申诉和解释。

被公告的管材管件供货单位对公告记录有异议的，可向省水行政主管部门提出书面更正申请，并提供相关证据。省水行政主管部门接到书面申请后，应在 5 个工作日内进行核对，并将核对结果告知申请人。

行政处理决定在被行政复议或行政诉讼期间，公告部门依法不停止对不良行为记录的公告。原行政处理决定被依法变更和撤销的，公告部门应及时对公告记录予以变更或撤销，并在公告平台上予以公告。

第十四条　公告部门及其工作人员在不良行为记录相关工作中玩忽职守、弄虚作假或者徇私舞弊的，由其所在单位或者上级主管部门予以通报批评，并依法依纪追究直接责任人和有关领导的责任，涉嫌犯罪的，移送司法机关追究刑事责任。

第十五条　本办法自印发之日起执行。

关于印发《安徽省农村饮水安全工程验收办法》的通知

（省水利厅　皖水农函〔2014〕683号）

各市、县（市、区）水利（水务）局：

2008年5月，我厅印发了《安徽省农村饮水安全工程验收办法》（皖水农函〔2008〕489号，以下简称《办法》）。该《办法》执行以来，对规范我省农村饮水安全工程验收工作、提高验收工作质量起了积极作用。

近年来，我省农村饮水安全工程建设与管理情况发生了较大变化，规模水厂数量大幅增加，部分项目审批权限进行了调整，国家还陆续出台了一些新的建设管理规定，原《办法》在执行中也暴露了不少问题。为此，我厅组织对原《办法》进行修订，并广泛征求了各地的意见。现将修订后的《安徽省农村饮水安全工程验收办法》印发给你们，请遵照执行。

附件：《安徽省农村饮水安全工程验收办法》

2014年6月5日

附件：

安徽省农村饮水安全工程验收办法

第一章　总　则

第一条　为规范农村饮水安全工程验收工作，根据《国务院办公厅关于加强饮用水安全保障工作的通知》（国办发〔2005〕45 号）、《农村饮水安全项目建设管理办法》（发改农经〔2013〕2673 号）、《安徽省农村饮水安全工程管理办法》（省人民政府令第 238 号）、《村镇供水工程施工质量验收规范》（SL 688）及有关规定，结合我省实际，制定本办法。

第二条　本办法适用于利用中央和地方农村饮水安全项目资金建设的供水工程的验收工作，其他工程可参照执行。

第三条　农村饮水安全工程验收按验收主持单位可分为项目法人验收和政府验收。项目法人验收包括分部工程验收、单位工程验收和完工验收等；政府验收主要为竣工验收。对验收不合格的项目要限期整改。

第四条　根据供水规模，农村饮水安全工程实行分类验收。对于规模化供水工程的新建、改建和扩建项目，应按照基本建设程序组织单项工程验收；小型集中供水工程和分散式供水工程可按年度实行集中验收。

第二章　完工验收

第五条　农村饮水安全工程的分部工程验收、试运行、单位工程验收分别按照《村镇供水工程施工质量验收规范》（SL 688）中分部工程验收、试运行和单位工程验收等有关要求执行。上述验收由项目法人主持，勘察、设计、施工、监理、主要设备供应商和运行等单位按要求参与。

第六条　全部单位工程验收合格后，项目法人应在 2 个月内及时组织勘察、设计、施工、监理和主要设备供应商等单位组成验收组，对农村饮水安全工程进行完工验收，并形成县级完工验收报告。

其中规模化供水工程的新建、改建和扩建项目，验收组应逐一组织工程完工验收，出具单项工程完工验收报告。

第七条　完工验收应具备以下条件：

1. 项目按实施方案或初步设计（含设计变更）批复内容完成；

2. 工程已完工，试运行正常，工程质量合格；

3. 合同工程完工结算已完成；

4. 具有完整的技术档案和施工管理资料；

5. 供水水质符合国家饮用水卫生标准；

6. 全部单位工程验收合格。

第八条　在完工验收合格的基础上，项目法人应及时向竣工验收主持部门提出竣工验收申请，同时报送相应的竣工验收资料。

第九条　竣工验收资料应装订成册，内容包括：

1. 工程完工验收报告：包括工程概况、验收范围、工程完成（含解决规划内人口数）及结算情况、工程质量、供水水质、存在主要问题及处理意见、验收结论和验收人员等；

2. 年度工作总结报告：包括项目概况、计划下达、审批情况、工程实施和完成情况、资金到位及使用情况、运行管护措施和制度、维修养护资金落实情况、存在问题与建议等。

3. 工程建设管理资料：

（1）目标责任、组织机构、项目法人组建、规章制度、计划下达、实施方案或初步设计（含设计变更）批复、资金拨付（含地方配套资金）等文件材料；

（2）工程招投标资料：备案报告、招标公告、中标通知书等；

（3）合同资料：勘察设计合同、监理合同、施工合同、管材及设备采购合同及有关补充协议、纪要等；

（4）工程质量监督报告。

4. 供水工程水质检验报告（建设前、后各一次）。

5. 竣工财务决算报告（包括竣工决算编制说明、竣工决算报表）、竣工财务决算审计报告、审计提出问题整改情况等材料。对于规模化供水工程新建、改建和扩建项目，应编制单项工程竣工财务决算报告。

6. 工程运行管理资料：产权移交及工程运行管护、水源保护区的划定、维修养护经费的设立和使用、优惠政策落实等相关材料。

7. 相关附表：安徽省农村饮水安全工程基本情况汇总表（见附件1）、安徽省农村饮水安全工程验收到村表（见附件2）及供水工程卡片（见附件3）。

8. 影像资料：反映全县（市、区）农村饮水安全工作的影像资料应单独存档备查，影像资料中要有每处集中供水工程的照片及文字说明，分散供水工程可以村为单位选取部分典型工程加上照片和说明。

9. 其他有关可附材料。

第三章　竣工验收

第十条　规模化供水工程的新建、改建和扩建项目的竣工验收，由市级水行政主管部门主持；小型集中式供水工程和分散式供水工程的竣工验收，由县级水行政主管部门主持。

第十一条　竣工验收主持单位在接到竣工验收申请后1个月内，应及时会同发展改革、财政、卫生等部门组织竣工验收。竣工验收应按工程竣工验收规定组成验收委员会，并出具竣工验收鉴定书（见附件4）。其中规模化供水工程新建、改建和扩建项目，应逐一出具单项工程竣工验收鉴定书。

第十二条 竣工验收应具备以下条件：

1. 工程完工验收已完成，完工验收中发现的问题已完成整改；

2. 竣工财务决算已通过审计，审计报告中提出的问题已整改；

3. 工程运行管理单位已落实；

4. 验收资料已按第九条要求编制完成。

对于不具备上述条件而申请竣工验收的，竣工验收主持单位应及时出具书面反馈意见。

第十三条 竣工验收采取现场检查、走访群众、审查资料、座谈讨论、综合评价等方式进行，并按《安徽省县级农村饮水安全工程竣工验收评分表》（见附件5）进行评分，总分90分以上为优秀，80～90分为良好，70～79分为合格，小于70分为不合格。综合评价应有明确验收结论。

第十四条 竣工验收应在工程完工验收后6个月内完成。竣工验收主持单位应及时将竣工验收鉴定书、验收存在问题整改报告等资料上报省水利厅。

第四章 监督抽查

第十五条 省水利厅会同有关部门对各地验收工作进行督促、抽查。验收抽查重点是工程完成情况、水质状况、工程质量以及市、县两级竣工验收情况等。具体实施工作由省农村饮水管理总站负责。

第十六条 省水利厅视抽查情况，将抽查结果进行通报，并及时向水利部报送全省验收工作总结。

第十七条 省级监督抽查结果作为农村饮水安全工程年度评价和项目安排的重要依据。

第五章 附 则

第十八条 规模化供水工程指日供水规模不小于1000立方米或用水人口不小于1万人的集中式供水工程；小型集中供水工程指日供水在1000立方米以下且供水人口在1万人以下的集中式供水工程。

第十九条 本办法由省水利厅负责解释，各市可根据本办法，结合当地实际，制定实施细则。

第二十条 本办法自下发之日起执行，原《安徽省农村饮水安全工程验收办法》（皖水农函〔2008〕489号）予以废止。

附件：1. 安徽省农村饮水安全工程基本情况汇总表
2. 安徽省农村饮水安全工程验收到村表
3. 安徽省农村饮水安全项目供水工程卡片格式
4. 安徽省农村饮水安全工程竣工验收鉴定书格式
5. 安徽省农村饮水安全工程竣工验收评分表

附件 1：

安徽省____市____县（市、区）____年农村饮水安全工程基本情况汇总表

工程编号	乡镇	受益村	主体工程所在地	不安全类型	工程型式	投资构成（万元）							受益人口（人）	受益户数（户）	其中规划人口（人）		供水规模（吨/日）	工程类型	水源地	管护单位
						合计	中央	省级	市级	县级	群众筹资	社会资金			农村居民	学校师生				
		①	②	③	④	⑤							⑥		⑦		⑧	⑨	⑩	⑪
全县合计																				
No. …																				
…																				
…																				

说明：1. 所有工程都要列出，包括小型分散供水工程。

2. 具体指标的填写。

① 填到行政村；

② 具体到自然村，引水工程填写蓄水池所在地，其余填写净水厂所在地；

③ 选填氟超标、砷超标、苦咸水、污染水、其他水质问题、缺水等类型；

④ 指集中、分散两类供水型式；

⑤ 投资构成情况需与工程卡片中数字一致；乡镇投入计入县级配套；群众投工投劳折资、村集体投入计入群众筹资；社会资金包括大户个人投入、企业投入等招商引资资金；

⑥ 指工程实际受益人口；

⑦ 指在我省农村饮水安全工程规划范围内人口；

⑧ 填写设计供水规模；

⑨ 指新建水厂、改扩建水厂和管网延伸三类（既有改扩建又有管网延伸的归入改扩建）；

⑩ 以地下水为水源的，填写水源井所在地自然村名称；以地表水为水源的，填写水库、河流（具体到支流）、湖泊或溪流名称；管网延伸工程填写原水厂水源地名称。

3. 本说明只为填写方便，正式填写时无需附后。

附件 2：

安徽省____市____县（市、区）____年农村饮水安全工程验收到村表

序号	乡镇村名	受益人口（人）	其中规划人口（人）		是否供水到户	是否消毒	是否有管护措施和人员	水费征收方式	水价（元/吨）	工程形式
			农村居民	学校师生						
		①	②		③	④	⑤	⑥	⑦	⑧
	全县合计									
一	××乡镇合计									
1	××村									
2	××村									
3	××村									
…	…									
二	××乡镇合计									
1	××村									
2	××村									
3	××村									
…	…									

说明：1. 只统计到行政村。

2. 具体指标的填写。

①、②、⑧同农村饮水安全工程汇总表；

③、④、⑤填写是或者否；

⑥按月、按季或按年收取；

⑦填实际收取水价。

3. 本说明只为填写方便，正式填写时无需附后。

附件3：

安徽省20____年农村饮水安全项目供水工程卡片格式

工程名称：__________ 工程建设地：_____乡（镇）_____行政村_____组 编号：_____

主要工程内容	引水	引水距离		m	主要工程量	土方	m^3	主要费用支出	材料费	元
		引水型式				石方	m^3		设备费	元
		水源类型				砌石	m^3		技工费	元
		最大流量		m^3/h		混凝土	m^3		施工费	元
	提水	打井井深		m		钢管	m		合计	元
		井口直径		m		塑料管	m	投资	总投资	元
		水源类型				渠道	m		中央补助	元
		岩石进尺		m		配电设备	型号/台		省级补助	元
	水厂改造	主要改造项目改造				水处理设备	型号/台		市县配套	元
		管网延伸	延伸水厂			变压器	型号/台		群众自筹	元
			延伸距离	m		水泵	型号/台		社会资金	元
供水规模				m^3/d	主要材料用量	水泥	t	人均投资		元
效益	受益人口			万人		黄砂	t	制水成本		元
	规划人口			万人		石子	t	房屋建筑面积		m^2
开工时间						钢材	t	清水池容积		m^3
竣工时间						塑材	t	压力罐容积		m^3

说明：1. 所有工程必须一一列出，一个工程一张卡片。

2. 引水型式指自流引水或泵站扬水；引水距离是指引水口到蓄水池的距离；提水水源类型指水库、河流、湖泊、地下水等；水厂改造填写取水设施、净水设施和输水设施三类；延伸水厂是指原有水厂的名称，延伸距离指主干网延伸距离的总和；塑料管长度填写干、支网的埋设长度之和。

附件 4：

20____年____县（市、区）农村饮水安全工程
竣 工 验 收

鉴

定

书

____市农村饮水安全工程验收委员会

二○____年____月

20__年__县（市、区）农村饮水安全工程竣工验收鉴定书

验收主持单位：

项目法人：

设计单位：

施工单位：

管材及主要设备供应单位：

监理单位：

质量监督单位：

运行管理单位：

（涉及单位不止一个的要一一列举）

验收日期：（起止时间）

20____年____县（市、区）农村饮水安全工程竣工验收鉴定书

前言（包括验收依据、组织机构、验收过程等）

一、工程概况

（一）工程位置

工程分布情况及涉及乡镇情况。

（二）工程主要设计及任务完成情况

包括设计批复机关及文号、主要工程措施及处数、工程总投资及其构成情况（包括群众投工投劳折资，社会资金投入情况）、主要工程量（管材、土石方等）及受益人口情况（规划范围内人口需写明）。

工程完成情况。

（三）工程建设有关单位

包括项目法人、设计、施工、供货、监理、质量监督、运行管理等单位。

（四）工程建设过程

包括采取的主要措施、工程开工日期及完工日期、县级初验日期。

二、工程验收情况

（一）项目法人验收

（二）县级初验

三、工程质量

工程质量监督、工程质量评定等

四、资金使用情况及审查意见

投资计划下达及资金到位、投资完成及交付资产、竣工财务决算报告编制及审计情况等。

五、工程运行管理情况

工程移交、运行管理、供水水质等。

六、存在的问题及处理意见

包括竣工验收遗留问题处理责任单位、完成时间，工程存在问题的处理建议，运行管理的建议等。

七、验收结论

根据工程规模、工期、质量、投资控制以及工程档案资料整理等对××县（市、区）做出明确的结论（同意通过竣工验收或不同意通过竣工验收）；结合安徽省县级农村饮水安全工程验收评分表进行简述，并给出优秀、良好、合格或不合格的等级评定。

八、验收委员会成员和被验单位代表签字表（附后）

验收委员会成员签字表

	姓　名	单　位	职务/职称	签　字
主任委员				
成　员				

被验单位代表签字表

	姓　名	单　位	职务/职称	签　字

附件5：

安徽省农村饮水安全工程竣工验收评分表

______市______县（市、区）

内容	分值	细化条款及评分标准	得分
总分	100		
一、组织领导	5	1. 纳入政府任期目标考核内容，层层落实责任。(2分)	
		2. 农村饮水安全工作领导机构健全，部门分工明晰，配合流畅。(1分)	
		3. 水利部门设有饮水安全办事机构，人员组织合理，职责明确，并有专门技术人员负责。(2分)	
二、前期工作	7	1. 有符合实际的农村饮水安全工程专项规划，并经县级政府批准。(2分)	
		2. 依据专项规划编制年度实施方案或初步设计，按规定审批权限进行批复。(2分)	
		3. 宣传报道有力，农村饮水安全工作深入人心。(3分)	
三、建设管理	26	1. 按要求落实项目法人责任制、招标投标制、建设监理制、集中采购制、资金报账制和竣工验收制，严格执行省、市对“六制”的有关规定。(4分)	
		2. 工程质量合格，工程运行正常。(6分)	
		3. 项目法人验收合格后，及时组织县级初验。(2分)	
		4. 规模水厂新建、改建和扩建项目按单项工程进行资料整理和验收工作。(5分)	
		5. 按规定配备水处理、消毒设备，水压、水量、水质达到设计要求。(6分)	
		6. 按规定做好实施项目的公开、公示工作。建设前，在主体工程所在地公示投资计划、财政补助份额、入户材料费用、工程建设概况等，建成后公示管理单位、水价、服务电话、水厂运行情况等。(3分)	

（续表）

内容	分值	细化条款及评分标准	得分
四、资金筹措及管理	15	1. 设立农村饮水安全工程资金专户，市、县级财政配套按计划足额落实。（3 分）	
		2. 资金专户内按年度和具体项目分别进行账目设置，账目清晰。（5 分）	
		3. 资金使用与管理符合规定，审计发现问题整改到位。（4 分）	
		4. 受益群众入户材料费、水价经物价部门核定，费用标准合理。（3 分）	
五、任务完成	15	1. 按计划完成建设任务，全面解决规划人口饮水安全问题。（4 分）	
		2. 开展技术培训，加强技术指导和服务。（3 分）	
		4. 受益区内群众满意度高。（4 分）	
		5. 受益区接水入户率达 90% 以上。（4 分）	
六、建后管理	32	1. 农村饮水安全工程建档建卡并装订成册；入户花名册完整规范。（3 分）	
		2. 成立县级农村饮水安全工程专管机构、县级水质检测中心，县级维修养护经费落实到位，落实用电、用地和税收优惠政策。（6 分）	
		3. 县级政府划定饮用水水源保护区，水源保护措施到位。（4 分）	
		4. 产权明晰，落实工程管护主体，供水单位制定供水安全运行应急预案，报县级水行政主管部门批准后实施。（6 分）	
		5. 供水单位建立水质化验、供水档案管理制度，工程有取水许可证和卫生许可证，规模水厂按要求配备水质检验设备。（6 分）	
		6. 供水工程水费核算、征收落实，工程折旧费按规定提留专户储存。（3 分）	
		7. 按时、准确填报管理信息系统、上报统计资料。（4 分）	

关于抓紧做好农村饮水安全工程验收工作的通知

（省水利厅　皖水农函〔2015〕598 号）

各市、县（市、区）水利（水务）局：

在各级政府和相关部门的共同努力下，我省农村饮水安全工程建设进展顺利，截至 2014 年底，累计完成投资 141 亿元，建设农村饮水安全工程近 7000 处，共解决了 2881.7 万农村居民和 158 万农村学校师生的饮水安全问题。但农村饮水安全工程验收工作相对滞后，有的县（市、区）几年前的工程仍未组织验收，有的验收工作还不够规范等，直接影响我省农村饮水安全工程建设与运行管理。为做好农饮工程验收工作，现将有关事项通知如下：

一、加快验收工作进度

工程验收是工程建设管理的重要环节，直接影响工程资金拨付、资产移交及运行管理等，各地要高度重视工程验收工作，水利部门要积极协调发改、财政、卫生等部门加大力度，统筹谋划，对历年来农饮工程进行一次全面认真梳理，对未完成竣工验收的项目要抓紧开展竣工财务决算审计、水质检测、建设管理资料整理归档等工作，按时间节点要求完成竣工验收任务。2014 年及以前年度的工程必须在今年 9 月底前完成竣工验收，2015 年的项目必须在今年 12 月底前全部完成工程验收。

二、保证验收工作质量

2014 年 6 月，我厅修订并印发了《安徽省农村饮水安全工程验收办法》（皖水农函〔2014〕683 号）。该办法对验收的责任主体、程序、条件及资料准备等作了明确规定。各地应按照该办法认真组织验收，注重验收工作质量，对供水水质不合格、没有进行竣工财务决算审计以及存在问题较多的工程一律不得通过验收。工程验收合格后要及时办理交接手续，明晰工程产权，落实管理主体，完善管理制度，确保工程良性运行和长期发挥效益。

三、及时上报验收进度

为及时掌握各地验收情况，请各地认真填写上报《安徽省农村饮水安全工程验收进展情况统计表》（详见附件），并由市级汇总于 5 月 30 日前报送省厅。以后每月月底报送一次。

联系人：时义龙　电话：0551-62128418
邮箱：ahncys@163.com
特此通知。

附件：安徽省农村饮水安全工程验收进展情况统计表

2015 年 5 月 25 日

附件：

安徽省农村饮水安全工程验收进展情况统计表

______市：　　　　　　　　　　　　　　　　　　　　　　　　截止时间：2015 年　　月　　日

	工程建设年份	工程总数		已验收工程数		未验收工程情况					存在问题	备注
						已开展完工验收工程数		已完成竣工财务审计工程数		计划验收时间		
		规模化供水工程	小型和分散式供水工程	规模化供水工程	小型和分散式供水工程	规模化供水工程	小型和分散式供水工程	规模化供水工程	小型和分散式供水工程			
市级汇总	2011											
	2012											
	2013											
	2014											
××县（市、区）	2011											
	2012											
	2013											
	2014											

备注：

1. 由市级统一汇总，首次表格在 5 月 30 日前报送至农水处邮箱：ahncys@163. com；以后每月月底报一次；
2. 规模化供水工程包含新建、改建和扩建项目；
3. 2010 年及以前尚未完成验收的个别市，仍按原验收办法规定，由省农村饮水管理总站完成省级验收工作。

关于印发《安徽省农村饮水安全巩固提升工程建设管理年度评价办法（试行）》的通知

（省水利厅农水处　皖农水函〔2016〕74号）

各市、县（市、区）水利（水务）局：

为推动我省农村饮水安全巩固提升工程建设与管理工作，确保完成《安徽省农村饮水安全巩固提升工程"十三五"规划》目标任务，结合省水利脱贫攻坚、民生工程考核相关要求，经过征求相关单位意见，我厅制定了《安徽省农村饮水安全巩固提升工程建设管理年度评价办法（试行）》，现印发给你们，请认真执行。各地在执行过程中，如有意见和建议，请及时向厅农水处反馈。

附件：《安徽省农村饮水安全巩固提升工程建设管理年度评价办法（试行）》

2016年12月5日

附件：

安徽省农村饮水安全巩固提升工程建设管理年度评价办法

（试行）

第一章 总 则

第一条 为推动我省农村饮水安全巩固提升工程建设与管理工作，确保完成《安徽省农村饮水安全巩固提升工程“十三五”规划》目标任务，结合省水利脱贫攻坚、民生工程考核相关要求，制定本办法。

第二条 本办法的评价对象为年度省级投资计划下达农村饮水安全巩固提升工程建设任务的市、省直管县水行政主管部门。

第三条 本办法所称农村饮水安全巩固提升工程建设管理年度评价（以下简称评价），是指运用定性和定量结合的评价方法、统一的量化指标和评价标准，对各市、省直管县农村饮水安全巩固提升工程年度建设管理工作情况进行综合性评价。

第二章 评价依据和内容

第四条 评价依据主要包括：

（一）《安徽省农村饮水安全工程管理办法》（省政府第 238 号令）；

（二）省政府批准的《安徽省农村饮水安全巩固提升工程“十三五”规划》；

（三）国家发展改革委、财政部、水利部等有关部委下发的《农村饮水安全项目建设管理办法》（发改农经〔2013〕2673 号）及《农村饮水安全巩固提升工程中央预算内投资专项管理办法（试行）》；

（四）省政府办公厅《关于水利建设扶贫工程的实施意见》（皖政办〔2016〕5 号）；

（五）省政府与各市政府、省直管县签订的《民生工程目标责任书》；

（六）省发展改革委、省水利厅、省财政厅下达的农村饮水安全巩固提升工程年度投资计划以及资金下达文件；

（七）当年省级以上有关部门针对农村饮水安全巩固提升工程开展的稽查、审计、专项检查、飞行检查、管材抽检、水质抽查等，省水利厅有关通报、整改通知等；

（八）水利部农村饮水安全项目管理信息系统数据以及市级、省直管县上报的年度工作总结及相关评价材料；

（九）其他正在执行的农村饮水安全相关规范性文件。

第五条 评价内容为年度农村饮水安全巩固提升工程建设和管理工作情况。包括组织领导和责任制落实、前期工作、资金落实和使用管理、计划管理和任务完成、建设管理、运行管理、日常管理等7个方面。

（一）组织领导和责任制。评价目标任务和责任书的签订落实情况、规章制度建设等；

（二）前期工作。评价规划、精准扶贫实施方案、实施方案（初步设计）编制和审批等；

（三）资金落实和使用管理。评价建设资金到位及资金使用管理情况等；

（四）计划管理和任务完成。评价县级投资计划分解下达、年度建设任务完成、农村自来水普及率和农村供水水质合格率等；

（五）建设管理。评价执行有关建设规定、建设任务完成进度、用水户参与和项目公示、工程质量和安全生产、竣工验收等；

（六）运行管理。评价专管机构成立、水源保护、水质检测、县级维修养护基金制度、农饮优惠政策落实以及农村供水应急预案情况等；

（七）日常管理。评价水利部农村饮水安全项目信息系统数据填报的及时性、准确性、真实性；农饮工作宣传报道；日常报表和材料报送情况等。

第三章 组织实施

第六条 评价工作由省水利厅负责，具体工作委托省农村饮水管理总站组织实施。评价采取各市、省直管县自评与省级评价相结合方式，每年进行一次。

第七条 评价评审采用赋分评分法，满分为100分，另有3.5分针对市级工作开展情况的奖励分。评价结果划分为优秀、良好、合格、不合格四个等级。评价得分85分（含）及以上为优秀；70（含）~85分为良好；60（含）~70分为合格；60分以下的为不合格。评分标准详见附件1。

第八条 12月15日前，农村饮水安全巩固提升工程省级投资计划安排的各市、省直管县水行政主管部门完成自评工作，并将评价材料（含自评报告）上报省农村饮水管理总站。评价材料格式见附件2。

市级（包括省直管县）自评指标不应少于省级评价指标。自评报告中涉及其他相关部门数据的，各市、省直管县可根据自行掌握的数据进行自评。省级评价时，以省级相关部门提供的数据为准。

第九条 12月底前，省水利厅对各地上报材料，视情况要求进行补充和现场调查核实，组织完成全省农村饮水安全巩固提升工程年度评价评审工作。省级评价结果的等次原则上不超过各地自评等次。

第四章 评价结果运用

第十条 评价结果作为我省水利脱贫攻坚和民生工程评价的重要依据。

第十一条 省水利厅对每年评价结果进行通报。对评价结果为优秀的市、省直管县水行政主管部门，予以表扬，并在下一年度相关项目安排上优先考虑；对评价结果不合格的市、省直管县水行政主管部门将进行约谈、通报批评，并在相关项目上减少或暂缓安排省级以上投资。

第十二条　评价结果为不合格的市、省直管县水行政主管部门要在评价结果通报后一个月内，向省水利厅书面报告，提出整改措施，并落实整改。

第五章　附　则

第十三条　对在评价工作中瞒报、谎报的地区，予以通报批评，对有关责任人员依法依纪追究责任，并取消今后三年内的评优资格。

第十四条　本办法由省水利厅负责解释。

第十五条　本办法自下发之日起施行。

附件：1. 农村饮水安全巩固提升工程建设管理年度评价指标表

2. 农村饮水安全巩固提升工程建设管理年度评价材料参考格式

附件1：

农村饮水安全巩固提升工程建设管理年度评价指标表

一级指标	分值	二级指标	评价内容	单项分值	评价依据
	100			100	
一、组织领导和责任落实	10	1. 目标任务考核	将农村饮水安全工程纳入市级政府目标考核体系，得4分；未纳入，得0分。	4	市级政府及相关部门文件
		2. 责任书签订	市政府与县级政府签订目标任务责任书，得4分；未签订，得0分。	4	市政府与县级政府签订的民生工程目标责任书
		3. 规章制度建设	（1）市级政府出台农村饮水安全工程建设管理办法的，得1分；没有，得0分。 （2）县级政府出台农村饮水安全工程建设管理办法，1分。按达到要求的县所占比例计分。	2	市政府、县级政府有关文件
二、前期工作	9	4. 农饮巩固提升工程规划编制、审批、修订和执行	（1）编制县级农饮“十三五”规划，经县级政府批准，得1分。按达到要求的县所占比例计分。 （2）规划修订内容符合政策，程序符合规定，得0.5分。 （3）严格按照批准的规划组织实施有关项目，得0.5分。	2	1. 县级政府批复文件； 2. 年度工作总结、省级以上（含省级，下同）稽察报告、审计报告、问题通报、整改通知等
		5. 农饮精准扶贫实施方案编制、修订和执行	（1）编制县级农饮精准扶贫（2016–2018）实施方案，内容与县级规划相衔接，得1分。 （2）严格按照精准扶贫实施方案组织实施，得1分。	2	年度工作总结、省级以上稽察报告、审计报告、问题通报、整改通知等
		6. 年度实施方案（初步设计）编制和审批	（1）千吨万人以上工程单独编制初步设计文件、其他工程打捆编制实施方案达到初步设计深度，编制单位符合资质要求，得1分。 （2）组织专家进行审查，按照审批权限予以批复，得1分。 （3）工程设计内容完整（配水管网应设计至农户入户水表井前等），得1分。 （4）除山区外，其余地区不新建规模以下集中供水工程，得2分。	5	1. 年度实施方案（初步设计）批复情况统计表； 2. 有关部门批复文件； 3. 年度工作总结、省级以上稽察报告、审计报告、问题通报、整改通知等

（续表）

一级指标	分值	二级指标	评价内容	单项分值	评价依据
	100			100	
三、资金落实和使用管理	9	7. 市、县财政配套资金	省级以下地方财政配套资金足额、按时存入农村饮水资金账户。按达到要求的县所占比例计分。	3	1. 各县（市、区）省级以下地方财政配套资金统计表；2. 市、县（市、区）发展改革、财政等部门和银行贷款、社会融资等有关文件，相关佐证材料
		8. 资金使用管理	（1）实行资金报账制，账目分年度分项目单独记账并核算，得3分。 （2）资金使用和管理符合农饮资金管理有关规定，得3分。	6	年度工作总结、省级以上稽察报告、审计报告、问题通报、整改通知等
四、计划管理和任务完成	18	9. 农饮精准扶贫台账	（1）建立农饮精准扶贫台账且较为完善，得2分。 （2）台账实行动态管理，验收销号，得2分。	4	各地报送的农饮精准扶贫台账
		10. 县级投资计划分解下达	年度投资计划（人口指标、贫困村情况、工程投资）分解至单项工程，并下达至项目法人，得2分。按达到要求的县所占比例计分。	2	县级年度投资计划分解下达文件
		11. 年度建设任务完成	（1）按照年度投资计划完成建设任务，得2分； （2）工程建成的同时落实运行单位并通水，得2分 （3）解决农村居民人口数超过省级下达计划任务的，额外加分。超过为50%的，得1分；超过为100%的，得2分；最高2分，两者之间按比例赋分。超过部分，应有资金和完成工程量等证明材料。	4	1. 各县（市、区）超额完成任务情况统计表（若有）； 2. 超额完成任务量的投入资金、工程量、受益人口等佐证材料； 3. 年度工作总结、省级以上稽察报告、审计报告、问题通报、整改通知等
		12. 农村自来水普及率（集中供水率）	农村自来水普及率达到年度预期目标要求。按本年末实际达到指标占年度预期目标的比例赋分，最高4分。 （年度预期目标=（上年末农村自来水受益人口数+本年度应完成的省级投资计划指标数）/本年末农村总人口数，年度预期目标最大值为100%）	4	1. 各县（市、区）农村集中供水率、自来水普及率统计表。 2. 年度工作总结、省级以上稽察报告、审计报告、问题通报、整改通知等
		13. 水质达标率	根据省级疾控部门出具的本年度水质监测结果赋分	4	省级疾控部门出具的水质达标率 * 4

（续表）

一级指标	分值	二级指标	评价内容	单项分值	评价依据
	100			100	
五、建设管理	20	14. 建设管理有关规定执行	（1）按照工程规模执行项目法人制、招标投标制、工程监理制和合同管理制有关规定，得2分；（2）收取的入户费不超过物价部门核定标准，得1分；（3）对于多批供货的农饮管材，每次均应从供货型号中随机抽取2个型号的样品送第三方进行质量检测，得1分；（4）市级组织农饮管材质量抽检的，额外加0.5分。	4	1. 市级组织管材质量抽检佐证材料（若有）；2. 年度工作总结、省级以上稽察报告、审计报告、问题通报、整改通知等
		15. 工程建设进度	对前期工作、工程建设、项目竣工验收等工作，因为序时进度达不到要求的，每被通报1次，扣1分。（最低0分）	4	省水利厅有关通报
		16. 用水户参与和项目公示	（1）全面实行受益农户全过程参与，得2分。 （2）全面推行项目建设管理公示制，得2分。	4	年度工作总结、省级以上稽察报告、审计报告、问题通报、整改通知等
		17. 工程质量和安全生产	（1）保障工程质量和确保安全生产，每发生1次重大质量或安全生产一般事故，扣1分；每发现1次重大安全事故，扣2分。 （2）管材质量省级抽检不合格的，每有1个批次，扣0.5分。（最低0分）	4	1. 管材质量省级抽检结果； 2. 年度工作总结、省级以上稽察报告、审计报告、问题通报、整改通知等
		18. 竣工验收	已建成1年（含）以上的工程按规定完成竣工验收，得4分。按完成验收工程比例赋分。	4	1. 各县（市、区）验收进展情况统计表； 2. 年度工作总结、省级以上（含省级，下同）稽察报告、审计报告、问题通报、整改通知等

（续表）

一级指标	分值	二级指标	评价内容	单项分值	评价依据
	100			100	
六、运行管理	22	19. 农饮专管机构	（1）具有经县级编办批复、事业单位、有财政经费的农饮管理机构，得分，未成立，不得分。按达到要求的县所占比例计分。 （2）市级设立专管机构的，额外加 0.5 分。	3	县级、市级（若有）成立专管机构的文件
		20. 水源保护	（1）千吨万人以上工程划定水源保护区，得 2 分。（2）千吨万人以下且 1000 人以上工程划定水源保护区或保护范围，得 2 分。按划定工程比例赋分。	4	1. 各县（市、区）水源保护划定情况统计表；2. 有关部门批复划定水源保护区或保护范围的文件 3. 年度工作总结、省级以上稽察报告、审计报告、问题通报、整改通知等
		21. 水质检测	（1）千吨万人以上工程具有水质化验室、配备水质检测人员，检测项目及成果质量符合规定，得 2 分。 （2）建立县级水质检测中心的，检测中心建成且正常运行，配有专职水质检测人员，检测项目及成果质量符合规定，得 2 分；采取委托或购买水质监测服务的，正常履行行业检测职能，检测项目及成果质量符合规定，得 2 分。	4	年度工作总结、省级以上稽察报告、审计报告、问题通报、整改通知等
		22. 水价政策	有条件的地区积极推行两部制水价，得 2 分。	2	年度工作总结、省级以上稽察报告、审计报告、问题通报、整改通知等
		23. 维修养护基金	（1）县级设立维修养护基金，并在当年安排财政资金补助，得 2 分。 （2）县级出台了基金使用和管理办法，得 2 分。 按达到要求的县所占比例计分。 （3）市级对县级维修养护基金补助的，额外加 0.5 分。	4	1. 县级设立基金、资金使用及管理、当年财政资金补助农饮运行等 3 个文件（资料）； 2. 市级财政资金有关补助农饮运行的材料（若有）

（续表）

一级指标	分值	二级指标	评价内容	单项分值	评价依据
	100			100	
六、运行管理	22	24. 落实优惠政策	（1）落实供水用电优惠政策，得1分。 （2）落实建设用地优惠政策，得1分。 （3）落实税收优惠政策，得1分。	3	年度工作总结、省级以上稽察报告、审计报告、问题通报、整改通知等
		25. 农村供水应急预案	（1）县级水利部门会同有关部门制定农村饮水安全保障应急预案，报本级人民政府批准后实施，得1分；按达到要求的县所占比例计分。（2）供水单位制定供水安全运行应急预案，报县级人民政府水行政主管部门备案，得1分。按工程比例赋分。	2	1. 县政府批准文件；2. 各县（市、区）农饮工程供水单位应急预案制定情况统计表；3. 年度工作总结、省级以上稽察报告、审计报告、问题通报、整改通知等
七、日常管理	12	26. 信息系统建设与数据上报	按照要求及时、准确、完整填报水利部农村饮水安全项目管理信息系统数据。每年12月15日前完成预计至当年12月底数据报送，得3分。	3	依据信息系统数据上报情况。
		27. 宣传报道	（1）在市级、县级媒体报道的好经验、好做法，采用一次，得0.5分；在省级以上媒体报道的好经验、好做法，采用一次，得1分。（最高得4分）（媒体指公开发行报刊、电视和政府部门简报、网站） （2）被省级以上相关媒体负面报道的，出现一次，扣1分。（最低0分）	4	相关媒体宣传报道资料
		28. 日常报表及有关材料上报	按照要求及时、准确、完整报送有关数据。未按时报送，每次扣0.5分；材料质量差，每次扣0.5分。（最低0分）	5	省水利厅掌握的各地报表、材料报送情况

附件 2：

20____年____市农村饮水安全巩固提升工程 建设管理

评价资料

____市水利（水务）局

二〇____年____月

目　录

序号	项目名称	页码范围
一	自评报告	
二	自评得分表	
三	有关资料复印件	
（一）	组织领导和责任落实	
…		
（二）	前期工作	
…		
（三）	资金落实和使用管理	
…		
（四）	计划管理和任务完成	
…		
（五）	建设管理	
…		
（六）	运行管理	
…		
（七）	日常管理	
…		

材料一

____市农村饮水安全巩固提升工程建设管理年度评价自评报告格式

一、自评工作开展情况

……

二、目标任务完成情况

……

三、自评赋分情况

（一）自评结果

……

（二）分项情况

1. 组织领导和责任落实

……

2. 前期工作

……

3. 资金落实和使用管理

……

4. 计划管理和任务完成

……

5. 建设管理

……

6. 运行管理

……

7. 日常管理

……

四、主要做法和经验

……

五、存在的主要问题

……

六、意见与建议

……

附表：1. 年度实施方案（初步设计）批复情况统计表

2. 省级以下地方配套资金统计表

3. 年度目标任务超额完成情况统计表（若有）

4. 截至当年年底农村供水主要指标情况统计表

5. 农村饮水安全工程验收进展情况统计表

6. 农村饮水安全工程水源保护划定、供水单位应急预案制定情况统计表

附表 1　年度实施方案（初步设计）批复情况统计表

序号	工程名称	供水规模（m^3/d）	建设性质	解决农村居民（万人）	其中：解决贫困人口（人）	解决贫困村（个）		批复概算（万元）	批复单位	批复文号	批复日期
						未通水	部分通水				
（1）	（2）	（3）	（4）	（5）	（6）	（7）	（8）	（9）	（10）	（11）	（12）
	市级合计										
	××县小计										
1											
2											
3											
…											

注：第（4）列“建设性质”为新建水厂、改扩建水厂或管网延伸。

附表2　省级以下地方配套资金统计表

单位：万元

市、县（市、区）	省级下达投资					实际到位资金							
	合计	中央投资	省级配套	省级以下资金		合计	中央资金	省级配套	省级以下资金				
				小计	省级以上补助人口需市县财政配套资金				小计	市财政配套	县财政配套	社会融资及信贷资金	群众自筹等其他
（1）	（2）	（3）	（4）	（5）	（6）	（7）	（8）	（9）	（10）	（11）	（12）	（13）	（14）
合计													
××县													
××区													
……													

注：第（2）列～第（6）列“省级下达投资”应根据省发改委、省水利厅、省财政厅省级年度投资计划下达文件填写。

附表3　年度目标任务超额完成情况统计表

市、县（市、区）	省级下达计划					实际完成情况					解决农村居民人口数超过比例	备注
	解决农村居民		解决贫困村情况		下达投资	解决农村居民		解决贫困村情况		完成投资		
		其中：贫困人口	未通水	部分通水			其中贫困人口	未通水	部分通水			
	万人	人	个	个	万元	万人	人	个	个	万元	%	
（1）	（2）	（3）	（4）	（5）	（6）	（7）	（8）	（9）	（10）	（11）	（12）	（13）
合计												
××县												
××区												
……												

注：1. 第（2）列～第（6）列“省级下达计划”应根据省发改委、省水利厅、省财政厅省级年度投资计划下达文件填写。

2. 第（12）列“解决农村居民人口数超过比例”＝【第（7）列–第（2）列】/第（2）列。

附表4　截至当年年底农村供水主要指标情况统计表

市、县（市、区）	总人口	行政村（社区数）	农村供水情况						主要指标			是否执行两部制水价
			农村供水人口（农村人口）	农村集中式供水人口	其中：农村自来水受益人口	分散式供水人口	农饮工程累计下达农村居民指标	城镇自来水管网覆盖行政村（社区）数	农村集中供水率	自来水农村普及率	城镇自来水管网覆盖行政村比例	
	万人	个	万人	万人	万人	万人	万人	个	%	%	%	是/否
（1）	（2）	（3）	（4）	（5）	（6）	（7）	（8）	（9）	（10）	（11）	（12）	（13）
合计												
××县												
××区												
……												

注：第（10）列“农村集中供水率”=第（5）列/第（4）列；第（10）列“农村集中供水率”=第（5）列/第（4）列；
第（12）列“城镇自来水管网覆盖行政村比例”=第（9）列/第（3）列。

附表5　农村饮水安全工程验收进展情况统计表

市、县（市、区）	工程建设年份	工程总数		已验收工程数		未验收工程情况					存在问题	备注
						已开展完工验收工程数		已完成竣工财务审计工程数		计划验收时间		
		规模化供水工程	小型和分散式供水工程	规模化供水工程	小型和分散式供水工程	规模化供水工程	小型和分散式供水工程	规模化供水工程	小型和分散式供水工程			
（1）	（2）	（3）	（4）	（5）	（6）	（7）	（8）	（9）	（10）	（11）	（12）	（13）
市级汇总	合计											
	2011											
	2012											
	……											
＊＊县	小计											
	2011											
	2012											
	……											
……												

注：1. 规模化供水工程是指供水受益人口在1万人或者供水规模在1000m^3/d以上的供水工程，包含新建、改建和扩建项目。

2. 已建成1年的供水工程，均应统计至表中。如2016年底填表时，应填写至2015年所建供水工程验收情况。

附表6　农村饮水安全工程水源保护划定、供水单位应急预案制定情况统计表

市、县（市、区）	工程总数				已划定水源保护区或保护范围		供水单位已制定供水安全运行应急预案				备注
	合计	千吨万人以上工程	千吨万人以下且1000人以上工程	1000人以下工程	千吨万人以上工程	千吨万人以下且1000人以上工程	合计	千吨万人以上工程	千吨万人以下且1000人以上工程	1000人以下工程	
（1）	（2）	（3）	（4）	（5）	（6）	（7）	（8）	（9）	（10）	（11）	（12）
合计											
××县											
××区											
……											

注：本表填写截至当年年底数据，工程总数包括当年新建供水工程。

材料二

农村饮水安全巩固提升工程
建设管理年度评价指标自评得分表

一级指标	二级指标	单项分值	自评得分
		100	
一、组织领导和责任落实	1. 目标任务考核	4	
	2. 责任书签订	4	
	3. 规章制度建设	2	
二、前期工作	4. 农饮巩固提升工程规划编制、审批、修订和执行	2	
	5. 农饮精准扶贫实施方案编制、修订和执行	2	
	6. 年度实施方案（初步设计）编制和审批	5	
三、资金落实和使用管理	7. 市、县财政配套资金	3	
	8. 资金使用管理	6	
四、计划管理和任务完成	9. 农饮精准扶贫台账	4	
	10. 县级投资计划分解下达	2	
	11. 年度建设任务完成	4	
	12. 农村自来水普及率（集中供水率）	4	
	13. 水质达标率	4	
五、建设管理	14. 建设管理有关规定执行	4	
	15. 工程建设进度	4	
	16. 用水户参与和项目公示	4	
	17. 工程质量和安全生产	4	
	18. 竣工验收	4	
六、运行管理	19. 农饮专管机构	3	

（续表）

一级指标	二级指标	单项分值	自评得分
六、运行管理	20. 水源保护	4	
	21. 水质检测	4	
	22. 水价政策	2	
	23. 维修养护基金	4	
	24. 落实优惠政策	3	
	25. 农村供水应急预案	2	
七、日常管理	26. 信息系统建设与数据上报	3	
	27. 宣传报道	4	
	28. 日常报表及有关材料上报	5	

材料三

有关资料复印件清单

一、组织领导和责任落实

1. 市级政府及相关部门将农村饮水安全工程纳入政府目标考核体系文件
2. 市政府与县级政府签订的民生工程目标责任书
3. 市政府、县级政府出台农村饮水安全工程建设管理办法有关文件
4. 其他资料

二、前期工作

1. 县级政府批准县级农饮“十三五”规划文件
2. 有关部门批复年度实施方案（初步设计）文件
3. 其他资料

三、资金落实和使用管理

1. 市、县（市、区）发展改革、财政等部门和银行贷款、社会融资等有关文件，相关佐证材料

2. 其他资料

四、计划管理和任务完成

1. 县级年度投资计划分解下达文件
2. 超额完成任务量的投入资金、工程量、受益人口等佐证材料
3. 其他资料

五、建设管理

1. 市级组织农饮工程管材质量抽检佐证材料（若有）
2. 其他资料

六、运行管理

1. 县级、市级（若有）成立农饮专管机构的文件
2. 有关部门批复划定水源保护区或保护范围文件
3. 县级制定农饮工程实行两部制水价政策文件
4. 县级设立农饮工程维修养护基金、资金使用及管理、当年财政资金补助农饮运行文件或资料
5. 市级财政资金有关补助农饮运行的材料（若有）
6. 县政府批准农村饮水安全保障应急预案文件
7. 其他资料

七、日常管理

1. 相关媒体宣传报道资料
2. 其他资料

资金使用管理

关于印发《安徽省农村饮水安全项目资金管理暂行办法》的通知

（省财政厅、省水利厅　财建〔2007〕1255号）

各市、县（区）财政局：

为贯彻落实《安徽省人民政府关于实施十二项民生工程促进和谐安徽建设的意见》（皖政〔2007〕3号）精神，加强全省农村饮水安全工程资金的管理，切实提高资金使用效益，确保资金安全完成，特制定了《安徽省农村饮水安全工程项目资金管理暂行办法》，现印发给你们，请遵照执行。

2007年9月28日

安徽省农村饮水安全工程项目资金管理暂行办法

第一章　总　则

第一条　为进一步规范和加强我省农村饮水安全工程项目资金管理，保障农村饮水安全工程项目的顺利实施，根据有关法律、法规和文件，特制定本办法。

第二条　农村饮水安全工程项目资金是指各级财政安排及受益农户配套的用于解决农村饮水安全的专项资金。

第三条　本办法适用于管理、使用农村饮水安全工程项目资金的各级财政部门、农村饮水安全工程项目主管部门和农村饮水安全工程项目建设单位（以下简称“项目法人”）。

第四条　农村饮水安全工程项目资金管理的基本原则是：

（一）分级管理、分级负责；

（二）专户管理、专款专用；

（三）公开透明、讲求效益。

第二章　部门职责

第五条　农村饮水安全工程项目资金管理的基本任务是：

（一）贯彻执行农村饮水安全工程项目的各项规章制度；

（二）按规定筹集、拨付、使用农村饮水安全工程项目资金，保证工程项目建设的顺利进行；

（三）做好农村饮水安全工程项目资金的预算、决算、监督和考核分析工作；

（四）加强工程概预（结）、决算管理，努力降低工程造价，提高投资效益。

第六条　各级发展改革部门、财政部门、水利部门和项目法人必须按照国家有关法律、法规合理安排和使用农村饮水安全工程项目资金。财政、水利等有关职能部门要密切配合、各司其职、各负其责。

第七条　财政部门主要职责：

（一）贯彻执行国家法律、法规、规章；

（二）参与年度投资计划安排；

（三）落实本级财政补助资金，及时、足额下拨农村饮水安全工程项目资金；

（四）监督检查资金的使用与管理；

（五）审批项目支出预算和年度财务决算。

第八条　项目主管部门主要职责：各级水利部门是农村饮水安全工程项目行业主管部门。

（一）贯彻执行国家法律、法规、规章；

（二）编制项目年度预算，组织项目的实施，加强工程质量监督、工程招投标过程，参加竣工验收等工作；

（三）监督检查建设单位的资金使用和管理情况，并对发现的重大问题提出意见报同级财政部门处理；

（四）督促建设单位做好竣工验收前各项准备工作，组织编报竣工财务决算。

第九条　建设单位主要职责：

（一）贯彻执行国家法律、法规、规章；

（二）建立健全项目资金内部使用管理制度；

（三）建立健全内部财务会计机构，配备具有会计从业资格的财会人员并保持相对稳定；

（四）办理工程价款结算，控制费用性支出，合理、有效使用资金；

（五）组织工程设计招投标、合同签订、竣工验收等工作；

（六）收集汇总并上报资金使用管理信息，编报建设项目的效益分析报告；

（七）做好项目竣工验收前各项准备工作，及时编制竣工财务决算。

第十条　各级项目主管部门和项目法人须按《中华人民共和国会计法》的规定，建立健全与农村饮水安全工程建设资金管理任务相适应的财务会计机构，配备具有相应业务水平的专职财会人员，并保持财会人员的相对稳定，确保财会工作正常有序进行。

第三章　资金的筹集

第十一条　农村饮水安全工程项目资金来源主要包括：中央补助资金，省级财政配套资金，市、县（区）级财政和受益农户承担的项目资金。

第十二条　农村饮水安全工程项目资金负担的比例：中央承担45%、省级承担16.5%、市县财政及受益农户承担38.5%，其中受益群众人均承担比例原则上不超过人均资金总额的10%。

第十三条　市、县（区）各级人民政府要积极落实地方财政配套资金，保证农村饮水安全工程项目的顺利进行。

第四章　资金的拨付

第十四条　各级财政部门要设立农村饮水安全财政资金专户，对各级财政补助资金和受益农户配套资金实行专户存储，专款专用。

第十五条　每年，由省发改委、省水利厅、省财政厅根据《农村饮水安全工程建设实施方案》，下达各地农村饮水安全工程项目建设年度投资计划。

第十六条　各项目县（区）财政部门要根据省下达的年度投资计划，及时将应由本级承担的农村饮水安全资金及受益农户配套的资金筹集到位，统一纳入县级农村饮水安全资金财政专户管理。

各市财政部门要根据省下达的年度投资计划，及时将应由本级承担的农村饮水安全工程项目资金拨付到所属项目县（区）财政部门的农村饮水安全工程项目资金专户。

省财政依据年度投资计划，根据各地的农村饮水安全工程项目建设的工程进度、资金到位、项目管理等情况，及时拨付中央和省级财政安排的农村饮水安全工程项目补助资金。

第五章　资金的使用和管理

第十七条　农村饮水安全工程项目资金的使用按照财政部《基本建设财务管理规定》（财建〔2002〕394号）和《国有建设单位会计制度》（财会字〔1995〕45号）等规章

执行。

第十八条　农村饮水安全工程项目资金实行报账制，各地要根据实际情况研究制定资金报账制具体实施办法。

第十九条　农村饮水安全工程项目资金开支范围为：取水、蓄水、制水等主体工程以及输配水干支管网等工程的前期工作经费、建安工程费、设备费、工程建设其他费用和预备费。工程建设其他费用由建设单位管理费、工程建设监理费、勘察与规划设计费、农民投劳折资费、水源水质检测费等组成。

第二十条　农村饮水安全工程项目前期工作经费是指农村饮水安全工程项目中安排用于前期工作的专项经费，由农村饮水安全工程项目主管部门按照批准的年度投资计划和建设支出预算、前期工作内容及工作进度支付。前期工作经费使用范围和开支标准按照财政部《中央预算内基建投资项目前期工作经费管理暂行办法》（财建〔2006〕689 号）的有关规定执行。

第二十一条　建设单位管理费，是指建设单位从项目筹建之日起至办理竣工财务决算之日止发生的管理性质的开支，建设单位管理费实行总额控制，分年度据实列支。建设单位管理费使用范围和标准按照财政部《基本建设财务管理规定》（财建〔2002〕394 号）的有关规定执行，项目批复概算中单独列示建设单位管理费的以批复数为控制数。

第二十二条　新建农村饮水安全工程项目，经批准单独设置管理机构的，可以按财政部相关规定开支建设单位管理费。未经批准单独设置管理机构的建设单位，确需发生管理费用的，经县级项目主管部门审核，报同级财政部门批准后方可开支。

第二十三条　农村饮水安全工程项目建设要按照“公开、公平、公正”的原则实行招投标和政府采购。凡按规定应该采取公开招标形式进行采购的，严禁擅自采取公开招标以外的其他方式进行采购。在农户自愿的前提下，小型分散供水工程所需的大宗物资、设备，也可实行分散采购。

第二十四条　各级财政部门和项目主管部门应按批准的工程建设内容、工程进度、工程监理情况，按规定及时足额将农村饮水安全工程项目资金拨付到项目建设单位。并按规定做好项目工程预付款、工程价款、质量保证金的管理与使用。

第六章　监督检查

第二十五条　农村饮水安全工程项目的项目法人要建立健全监督机制，完善各项财务制度。各级财政部门、项目主管部门要加强对资金的监督和检查。

第二十六条　农村饮水安全工程项目资金的使用应主动接受群众和社会的监督。工程的补助标准、补助额度和材料价格等内容应在项目所在地村组张榜公示。

第二十七条　对截留、挤占和挪用农村饮水安全工程项目资金，擅自变更投资计划和建设支出预算、改变建设内容，造成资金损失浪费的，按照《财政违法行为处罚处分条例》（国务院令第 427 号）及国家有关规定进行处理并追究当事人和有关领导的责任。触犯法律的，追究其法律责任。

第七章　附　则

第二十八条　以前发布的农村饮水安全财务管理有关规定与本办法相抵触的，以本办法为准。

第二十九条　本办法由省财政厅会同省水利厅负责解释。

第三十条　各地可根据本办法，结合当地实际，制定实施细则。

第三十一条　本办法自发布之日起施行。

关于《安徽省农村饮水安全项目资金管理暂行办法》补充规定的通知

（省财政厅、省水利厅　财建〔2008〕202 号）

各市、县财政局、水利（水务）局：

根据财政部、水利部关于印发《农村饮水安全项目建设资金管理办法》的通知（财建〔2007〕917 号）精神，现对《安徽省农村饮水安全项目资金管理暂行办法》（财建〔2007〕1255 号印发），作如下补充规定，请遵照执行。

（一）水行政主管部门和有关部门在申报项目时，应及时与同级财政部门就项目申报规模、配套资金规模以及资金使用和管理等进行沟通和衔接，确保农村饮水安全项目地方财政配套资金能按规定及时足额到位。

（二）农村饮水安全工程的转让、拍卖等收入应纳入同级财政预算管理。水行政主管部门应商同级财政部门同意并报有关部门批准后，继续用于当地农村饮水安全项目建设。

（三）农村饮水安全项目单项工程报废，必须经有关部门鉴定，分清责任。因不可抗力或建设单位、农户等其他原因造成的单项工程报废损失，按项目财务隶属关系由同级财政部门批准后，作增加建设成本处理；因项目施工单位原因造成的单项工程报废损失，由施工单位承担责任。

（四）按照项目建成后的产权归属，农村饮水安全项目完成投资按以下情况进行财务处理：

1. 户用饮水工程（单户或联户），中央预算内固定资产投资补助资金形成的资产，产权归属农户所有，建设单位作待核销基建支出处理，在竣工财务决算按规定批复后，冲销相应的资金。

2. 本单位或农村集体组织所有的饮水工程，各级财政补助资金形成的资产产权归本单位或农村集体组织所有，计入交付使用资产价值；产权移交其他单位或农村集体组织所有，作转出投资处理，在竣工财务决算按规定批复后，冲销相应的资金。

（五）农村饮水安全工程价款结算按有关规定执行，并按结算金额的 5% 预留工程质量保证金，待工程竣工验收完成且交付使用一年后再结清。

（六）项目竣工后，建设单位应按照有关规定及时编制竣工财务决算。已具备竣工验收条件的项目，3 个月内不办理竣工验收和固定资产移交手续的，视同项目已完工，其费用不得从农村饮水安全项目建设资金中支付。

2008 年 3 月 14 日

关于《安徽省农村饮水安全项目资金管理暂行办法》有关政策调整的通知

（省财政厅、省水利厅　财建〔2010〕1339 号）

各市、县（区）财政局，水利（水务）局：

根据国家相关要求，2010 年中央提高了农村饮水安全工程投资标准和补助标准，并对地方配套资金的安排做出明确要求，经省政府同意，现对《安徽省农村饮水安全项目资金管理暂行办法》（财建〔2007〕1255 号，以下简称《办法》）有关配套政策调整如下，请认真贯彻执行。

（一）《办法》第十一条资金筹措政策调整为“农村饮水安全主体工程项目资金负担的比例：中央承担 60% 和 80%（享受西部政策县），省级承担地方配套投资的 50%，其余投资由项目所在市县政府承担；受益农户不再承担主体工程配套投资，仅承担入户材料（入户水表及以下部分材料）等费用，要张榜公示，接受群众监督”。

（二）调整后的资金筹措政策自 2010 年 1 月 1 日执行，原政策不再执行。

2010 年 9 月 13 日

关于下达2016年农村饮水安全巩固提升工程中央预算内投资计划的通知

（省发展改革委、省水利厅、省财政厅　皖发改投资〔2016〕517号）

有关市、县、区发展改革委、水利（水务）局、财政局：

根据《国家发展改革委水利部关于下达2016年农村饮水安全中央预算内投资计划的通知》（发改投资〔2016〕1307号）精神，现将全省2016年农村饮水安全巩固提升工程中央预算内投资计划下达给你们，并就有关事项通知如下：

（一）本次计划共安排投资74529.9万元，其中：中央预算内投资13000万元，省级配套40800万元，省级以下自筹资金20729.9万元，解决我省232个未通水贫困村（其中贫困人口84159人）、455个部分通水贫困村（其中贫困人口80617人）和贫困村外贫困户共计149.06万（其中贫困人口328764人）农村居民饮水问题。

（二）各地要进一步加强工程建设管理，深入做好前期工作，科学规划，合理布局，优先安适度规模的集中供水项目，保障供水水质，积极推进城乡供水一体化。同时积极筹措配套资金，按照《关于印发〈安徽省农村饮水安全工程项目资金管理暂行办法〉的通知》（财建〔2007〕1255号）及《关于〈安徽省农村饮水安全工程项目资金管理暂行办法〉补充规定的通知》（财建〔2008〕202号）要求，加强资金的使用和管理。

（三）有关县（市、区）因脱贫攻坚需要，对已列入省级农村饮水安全巩固提升工程“十三五”规划并提前实施的项目，采取“先干后补”的办法，省级以上安排经费不足部分在今后年份中统筹安排。

（四）各项目单位要进一步完善工程月调度制度，投资下达后，每月5日前通过重大项目库信息报送平台及时报送本批投资计划项目开工情况、投资完成情况和工程形象进度等数据。

特此通知。

2016年8月9日

关于进一步加强全省水利基本建设财会工作保障资金安全提高资金使用效益的意见

（省水利厅　皖水财函〔2013〕565号）

各市、县（市、区）水利（水务）局，厅直各单位：

为了进一步规范水利基本建设资金的使用管理，防范财务风险，提高资金使用效益，保障水利建设事业健康快速发展，根据水利基本建设财务管理和会计核算相关法规制度，结合我省水利基本建设实际，我厅制定了关于进一步加强全省水利基本建设财会工作保障资金安全提高资金使用效益的意见，现印发给你们，请遵照执行。

2013年5月6日

关于进一步加强全省水利基本建设财会工作保障资金安全提高资金使用效益的意见

为了进一步加强全省水利基本建设资金及财务管理工作，防范财务风险，保障资金安全，提高资金使用效益，现提出以下意见和要求：

一、建立水利基本建设资金及财务管理安全责任制度

各级政府和水利基本建设项目主管部门在批准组建项目法人、任命项目法人负责人时，应对项目法人负责人进行水利建设资金及财务管理法规制度的宣传教育和培训，提高其对安全使用资金重要性和违规违纪使用资金危害性的认识，增强资金安全责任意识，提高建设资金及财务管理水平，同时，必须与项目法人负责人签订水利基本建设项目资金及财务管理安全责任状，以明确其使用管理项目建设资金的责任。

二、规范建设项目会计核算

项目法人要按规定设置财务部门，配备具有资格的专职（或兼职）财会人员，负责水

利基本建设项目资金的财务管理和会计核算工作，依照财政部《国有建设单位会计制度》、《会计基础工作规范》等，按概算批复的项目单独建账，进行分项目会计核算。一个项目法人承担多个水利项目建设任务，且集中统一核算和管理的，应按项目分账套核算，其银行存款利息收入、共同发生的建设单位管理费等，要按季度合理分摊到每个项目。不得将若干个项目捆在一起核算。不得用其他行业会计制度进行基本建设项目会计核算。

三、建立健全建设项目内部财务管理制度

项目法人要按照财政部《基本建设财务管理规定》及水利基本建设资金及财务管理法规制度，结合项目实际，制定完善内部财务管理制度办法，并报项目主管部门核准后执行。项目法人单位内部不得无制度运行。

四、严格资金支付审批程序

项目法人各项资金支付要严格按照程序办理，即：业务具体经办人初始审查、有关业务部门过程审核、财务部门最终审核、单位负责人或授权人员核准审批等。不得违反程序审批业务事项、支付建设资金。

五、严格合同签订、履行和管理

（一）规范合同签订主体

建设项目所有勘测设计、监理、施工、供货等合同，必须由项目法人与承包人签订，不得以水利基本建设项目主管部门名义代签。项目法人组建前，以建设项目主管部门名义签订的勘测设计等前期工作合同，待项目法人批准组建后，应由建设项目主管部门、项目法人和勘测设计单位共同签订补充协议，明确各自的责任和义务。

（二）建立合同会签制度

项目法人在草拟合同时，必须会签财务、工程等相关部门，财务部门根据《合同法》等有关法规，提出审核意见。承包人未提交履约保证金（或保函）的，项目法人不得与其签订正式合同。

（三）严格合同履行

项目法人须按照财政部、建设部《建设工程价款结算暂行办法》及合同约定，支付工程预付款、进度款和工程尾款，收取和退还工程履约保证金（保函）、工程预付款保证金（保函）、质量保证金，办理工程价款结（决）算。承包人未按合同约定提交预付款保证金（或保函）的，项目法人不得向其支付工程预付款。

有以下情形之一的，项目法人不得支付工程进度款：

1. 项目工程量清单和工程价款结算单未经监理单位签证、建设单位业务部门审核、项目法人负责人审批；

2. 承包人未按支付金额提供税务发票；

3. 收款单位名称、账号等与合同约定不一致，且未作有效变更。

（四）规范打捆招标项目合同

小型水利建设项目实行打捆招标的，合同中应明确每个小型水利建设项目的合同价款。不得将多个小型项目打捆仅签订一个总价合同。

六、及时落实各项建设资金

水行政主管部门要认真分析和把握水利建设发展新形势新任务，深入研究水利建设投融资政策，积极向当地政府反映基本建设配套资金需求，争取政府及有关部门的支持，主动协调财政、发改等部门，落实地方配套资金。项目法人要按照基本建设投资计划和工程建设进度，申请各项建设资金，确保工程建设用款。

七、严格建设资金使用管理

项目法人严格按照概算批复的内容使用建设资金，正确计算和归集成本费用。不得擅自扩大使用范围和提高开支标准，不得支付非法的收费、摊派。所有基建收入均应纳入项目法人账目集中统一核算管理，不得私设“账外账”和“小金库”。项目结余资金要严格依照有关制度规定，按投资比例上缴各投资方，或经批准后在项目之间调剂使用。不得截留、挤占和挪用建设资金。

八、深入充分做好项目前期工作，避免资金损失浪费

水利基本建设项目主管部门和项目法人（或项目建设单位筹建机构）要积极协助配合勘测设计单位开展前期工作，做到勘测数据资料全面，设计深度充分，设计方案科学合理，避免因勘测设计深度不够、设计方案考虑不全等给工程建设带来损失浪费。若因勘测设计方原因，造成工程返工、延期等损失浪费的，由勘测设计方承担相关费用。

九、规范未完工程投资及预留费用的管理

水利基本建设竣工项目未完工程投资及费用的预留、使用，严格按照水利部《水利水电建设项目验收规程》（SL 223—2008）、《水利基本建设项目竣工财务决算编制规程》（SL 19—2008）和财政部《基本建设财务管理规定》（财建〔2002〕394 号）、《财政部关于解释〈基本建设财务管理规定〉执行中有关问题的通知》（财建〔2003〕724 号）等规定执行。预留未完工程投资及预留费用的额度控制，大中型项目控制在概算总投资的 3% 以内，小型项目控制在 5% 以内，超出规定比例，不得编制竣工决算报告；概算批复内子项目在决算时尚未实施的，经竣工验收委员会审定同意，并确定实施期限后，按概算批准数预留。未办理变更手续且未经有关部门批准的新增建设内容，不得列入预留未完工程投资；未完工程投资及预留费用由项目主管部门负责监管，在规定时间内实施完成后，由项目主管部门负责后续审计及资产移交工作。

十、规范竣工决算审计及资产移交

项目竣工验收前，项目法人应做好竣工决算审计各项准备工作，组织编制竣工财务决算初稿，及时申请项目竣工决算审计。建设项目的变更设计、调整概算、增加或减少建设内容、动用预备费、延长工期、建管费超支等均要按规定程序报批，未报经批准的，其支出不得从基建投资中支付，不得申请项目竣工决算审计。未经竣工决算审计以及主管部门

尚未下达审计结论、审计意见的建设项目，不得进行竣工验收。已具备竣工验收条件的项目，3 个月内不办理竣工验收和资产移交手续的，其费用不得从基建投资中支付。主持验收单位（或项目主管部门）应在项目竣工验收会议上监督项目法人与工程运行管理单位办理竣工交付资产移交手续。有关竣工财务决算编制、竣工决算审计及资产移交工作等要求，仍按我厅《关于贯彻执行水利部〈水利基本建设项目竣工财务决算编制规程〉（SL 19—2008）和规范建设项目竣工决算审计工作的通知》（皖水财〔2009〕190 号）规定执行。

十一、严格项目建设期间资产管理

项目建设期间，项目法人要建立健全资产管理制度，对资产购置、验收、保管、使用、交还等各个环节作出规定，明确资产归口管理部门、资产使用部门及有关人员的管理责任。项目建设完成后，可连同竣工项目交付使用资产移交到工程运行管理单位；若项目法人仍然存续的，可移交项目法人单位继续使用，但不得私存私用，防止资产流失。

十二、全面实行会计电算化

项目法人会计核算要全面实行会计电算化，会计电算化软件及硬件等设备购置费用在项目管理费中列支。

各市、县（区）水行政主管部门可根据本通知，结合本地实际，制定具体的水利基本建设财务管理办法。

关于中小河流治理国家规划小型病险水库除险加固和农村饮水安全三类项目结余资金使用管理的意见

（省水利厅　皖水基函〔2013〕1087 号）

各市水利（水务）局，广德、宿松县水利（水务）局：

为进一步规范中小河流治理、国家规划小型病险水库除险加固和农村饮水安全项目结余资金使用管理，提高资金使用效益，保证项目建设成效，现就结余资金使用和管理提出以下意见，请遵照执行。

一、中小河流治理结余资金使用

1. 根据财政部、水利部《全国重点地区中小河流治理项目管理暂行办法》（财建〔2009〕819 号）及《全国中小河流治理项目和资金管理办法》（财建〔2011〕156 号）和省财政厅、省水利厅《安徽省中小河流治理项目和资金管理办法》（财建〔2011〕827 号）的要求，中小河流治理专项资金使用允许在项目间调剂，全部留归市、县继续用于中小河流治理，可在本行政区域内与其他规划内中小河流治理项目调剂使用，若其他项目不需调剂使用的，可安排规划治理河段的水资源保护、水环境治理和工程运行管理设施，再有结余的可向上下游延伸河道治理长度、增加治理内容。

2. 完善结余资金使用的报批手续。县（区）级负责实施的项目，由所在市水行政主管部门会同财政部门审批，抄送省水利厅、省财政厅备案；市级负责实施的项目，由省水利厅会同省财政厅审批。

二、国家规划小型水库除险加固结余资金使用

1. 根据财政部、水利部《重点小型病险水库除险加固项目和资金使用管理办法》（财建〔2010〕1521 号），省财政厅、省水利厅《安徽省小（2）型病险水库除险加固项目和资金管理办法》（财建〔2011〕771 号）等文件，结余资金调剂使用原则为：

中央负担的小（1）型、重点小（2）型水库结余资金应首先在中央负担的项目间调剂使用，其次用于地方负担的小（1）型水库、省计划一般小（2）型水库，如仍有结余，可用于本地区其他小型水库除险加固项目。国家规划重点小（2）型水库尚有 20% 奖补资金待绩效考评后下达，如有结余按上述原则调剂使用。

2. 结余资金的使用要在确保项目批复的加固内容已完成的前提下，完善有利于消除

大坝安全隐患的主体工程，也可用于水保环保和白蚁防治等工程以及工程观测和管理设施，为工程安全运行管理创造条件。对于以防洪为重点的水库，应增设水位、雨量、渗流观测设施及管理房等必要的管理设施。

3. 小（1）型水库结余资金，由市财政、水利部门审批后实施；重点小（2）型水库结余资金，经市水利局、市财政局同意后提前实施，待规划项目全部完成后由市水利局、市财政局争结余资金使用情况报省水利厅、省财政厅。

4. 对先期省计划已部分实施加固的重点小（2）型水库，要在初步设计审批阶段对先期省计划实施项目和本次中央补助资金实施项目进行划分，在项目竣工审计和竣工验收阶段对省计划实施项目和本次实施项目的资金使用和工程质量进行严格把关，确保水库全面脱险。

三、农村饮水安全工程结余资金使用

1. 根据财政部、水利部《农村饮水安全项目建设资金管理办法》（财建〔2007〕917号），省财政厅、省水利厅《安徽省农村饮水安全项目资金管理暂行办法》（财建〔2007〕1255号）及其补充规定（财建〔2008〕202号）等相关文件精神，如原批准的农村饮水安全工程建设内容全部完成并按程序完成竣工验收后，概算投资结余的，可用于以下方面：在本行政区域内与规划内其他农村饮水安全项目调剂使用；对规划内已建规模小、水质较差小水厂的联网、并网建设和改造；对未按规定采取水质处理措施、修建调节构筑物及管理设施等已建农村饮水安全工程，利用结余资金对原有工程进行更新改造、购置相关设备等；用于县级水质检测中心建设。

2. 农村饮水安全工程结余资金使用需由项目法人组织设计单位编制增补项目实施方案，扩大县级经济管理权限的61个县（市）、15个县改区及叶集区、毛集区项目增补项目实施方案，自各县（市、区）发展改革委会同水利、财政部门审批；未列入扩大县级经济社会管理权限的市直属区增补项目实施方案，由市发展改革委会同水利、财政部门审批，并抄送上级主管部门备案，不得先用后报。

四、加强结余资金使用监督管理

1. 中小河流治理、小型病险水库除险加固和农村饮水安全工程专项资金应确保专款专用，严禁挤占、截留和挪用等违规违纪行为。项目法人单位必须严格按照《国有建设单位会计制度》《基本建设财务管理规定》等制度规定，分项目进行会计核算和管理，确保每个项目计划下达、资金到位、成本核算、投资完成等清晰完整。

2. 项目法人应加强对项目的建设管理，及时掌握项目建设进度，测算项目资金需求，做到事前、事中控制，确保批复内容全部建设完成，确保工程运行安全。市、县水利部门应加强结余资金使用监督管理，对结余资金比例过大的项目，要认真分析原因，在结余资金使用报批时进行专题论述，并在今后工作中认真总结提高。

2013年8月19日

关于开展中央和省级财政投资水利建设项目存量资金自查工作的通知

（省水利厅　皖水财函〔2016〕936 号）

各市水利（水务）局，广德、宿松县水利（水务）局，厅直属有关单位：

根据《水利部办公厅关于开展中央财政投资水利项目存量资金情况自查工作的通知》（办财务函〔2016〕901 号）要求，结合我省水利建设实际，提出以下要求，请认真贯彻执行。

一、高度重视建设项目存量资金清查工作

盘活财政存量资金是国务院部署的一项重要工作，对水利建设项目结转两年以上的财政结余资金，将由财政收回统筹使用。各单位对其应有清醒认识，认真制订工作方案，细化措施，落实责任，明确时限，确保结转结余资金按规定要求使用完毕。不得因工作不力，致使资金被财政收回。

二、全力加快工程建设进度

各单位要严格执行项目批准的建设工期，围绕年度建设目标任务，进一步落实责任、倒排工期，加快水利工程建设进度。对于续建项目，要及时协调解决影响工程进展的制约因素，在施工强度上狠下功夫，抢抓进度；对于新安排项目，要加快做好征迁和各项施工准备工作，督促施工单位尽快进场；具备条件的项目加快材料和设备采购，尽快形成实物工作量。

三、加快工程价款算、资金支付进度和“预付工程款”清理

各地要督促项目法人按照财政部建设部《建设工程价款结算暂行办法》（财建〔2004〕369 号）等要求，及时与勘测设计、施工、监理、物资设备供应等单位结算工程价款，加快价款结算和资金支付进度。要规范工程计量和工程价款结算，做好原始测量和完工测量等基础工作，严把计量关口。按照施工单位申请、监理单位审核、项目法人确认的已完工程进度表、工程价款结算单，项目法人应及时向承包人支付工程进度款。不得违规拖欠承包商工程款。

各单位要对“预付工程款”等预付款项进行全面清理，把按工程进度已经结算支付给承包商的资金，作为投资完成额，全面完整地反映到账面上。不得将已经结算支付给承包商的资金长期挂“预付工程款”科目。

四、严格管理和支付各类保证金

各类预付款、保证金应严格按规定支付、收取、扣留、抵扣和退还。

1. 严格按照工程价款结算办法和合同约定支付工程预付款和退还预付款保证金。在具备施工条件下，项目法人应在签订合同后的一个月或不迟于约定的开工日期前的7天内预付工程款（包工包料工程的预付款原则上预付比例不低于合同金额的10%，不高于合同金额的30%）。预付工程款前承包单位需提交预付款保证金（或保函）。预付的工程款必须在合同中约定抵扣方式，并在自第一次支付工程进度款时分批进行抵扣。预付款保证金应在预付款全部扣回后全额退回承包单位，预付款保函金额可根据预付款扣回金额递减。

2. 严格按照工程价款结算办法和合同约定扣留和退还质量保证金。工程完工后，承包人提交的竣工结算报告及完整的结算资料，经监理签证、项目法人审核，竣工决算审计机构审定后，项目法人向承包人支付工程竣工结算价款，保留5%左右的质量保证（保修）金，待工程交付使用一年质保期到期后清算。

3. 履约保证金（或保函）应在合同工程完工后28日内全部退还给承包单位。

五、加快竣工项目决算编制和审计工作

项目完工后，项目法人应按照水利部《水利基本建设项目竣工财务决算编制规程》规定，组织编制竣工财务决算，及时向项目主管部门提出竣工决算审计书面申请；项目主管部门应及时安排竣工决算审计工作，并根据审计机构出具的审计报告，下达审计决定或审计意见。

六、认真组织开展项目存量资金清查工作

各单位主要负责同志亲自抓，组织工程、计划、财务等部门，对项目存量资金进行一次全面清查，填报《中央财政投资水利项目存量资金情况自查表》（见附件2）和《省级财政投资水利项目存量资金情况自查表》（见附件3），并根据清查情况，制订加快工程价款结算工作计划，尽快组织实施。

七、及时报送项目存量资金情况自查表

厅直属有关单位、各市水行政主管部门应将本级及所属县、区自查表进行汇总，于8月15日前将《中央财政投资水利项目存量资金情况自查表》和《省级财政投资水利项目存量资金情况自查表》书面报省水利厅财务处，传真号：0551-64664872。同时，将电子版发送至电子邮箱：ahssltjjcw@126. com。

附件：1.《水利部办公厅关于开展中央财政投资水利项目存量资金情况自查工作的通知》（办财务函〔2016〕901号）

2.《中央财政投资水利项目存量资金情况自查表》

3.《省级财政投资水利项目存量资金情况自查表》

2016年8月3日

附件1：

水利部办公厅关于开展中央财政投资水利项目存量资金情况自查工作的通知

办财务函〔2016〕901号

各省、自治区、直辖市水利（水务）厅（局），各计划单列市水利（水务）局，新疆生产建设兵团水利局：

按照国务院决策部署，为切实提高水利财政资金使用效率，审计署拟于近期开展财政存置资金情况专项审计，并要求各部门先行开展自查。经研究，水利部决定组织开展中央财政投资水利项目存量资金情况自查工作。现就有关事项通知如下：

一、自查对象

各省（自治区、直辖市）水利（水务）厅（局）、各计划单列市水利（水务）局，新疆生产建设兵团水利局。

二、自查方式

各省（自治区、直辖市）水利（水务）厅（局）、各计划单列市水利（水务）局，新疆生产建设兵团水利局组织有关市县和单位进行全面自查，并汇总填报《中央财政水利项目存量资金情况自查表》（见附件，可从水利部财务司网站“公告栏”下载电子版）。

三、自查范围

根据财政部《关于推进地方盘活财政存量资金有关事项的通知》（财预〔2015〕15号）关于财政存量资金管理要求，本次自查填报资金范围为2013年及以前年度中央财政安排的、截至2015年12月31日及2016年6月30日仍未使用完毕的水利建设资金，包括中央预算内固定资产水利投资、中央财政水利专项资金、中央水利建设基金等水利资金。

四、有关要求

1. 请各省水利部门高度重视，认真组织有关市县和单位进行自查。

2. 请各省级水利部门于2016年8月20日前将《中央财政水利项目存量资金情况自查表》反馈我部（先发电子版）。

联系人：蔡泓　010-63202799　刘婉迪 63205261
电子邮箱：jjc@mwr.gov.cn
传　真：010-63202220

附件：中央财政水利项目存量资金情况自查表（略）

2016 年 7 月 29 日

附件2：

中央财政水利项目存量资金情况自查表

填报单位：（盖章）　　　　填报人：　　　　联系电话：　　　　单位：元

序号	项目名称	项目所在县（市、区）	项目建设单位（项目法人）	项目总投资额	截至2013年累计安排中央资金	中央资金安排年份	截至2015年12月底中央资金结存数	截至2016年6月30日中央资金结存数	存量资金所在账户			存量原因分析
									财政部门	水利部门	项目建设单位	

备注：1. 本次自查资金范围为2013年及以前年度中央财政安排的、截至2015年12月底及2016年6月30日仍未使用完毕的财政资金。“存量原因分析”是指项目未实施、项目未实施完成、项目完工后结余。

2. 本表资金数额单位为“元”；“中央资金安排年份”应为2013年及以前年份。

3. 本表电子版可从水利部财务司网站“公告栏”下载。

4. 请各省厅、计划单列市水利局、新疆兵团水利局认真组织填报，汇总后于2016年8月20日前报水利部，并先行发送电子版至jjc@mwr.gov.cn；盖章表格请传真至010-6320220，联系电话：010-63202799，63205261。

附件 3：

省级财政水利项目存量资金情况自查表

填报单位：（盖章）　　　　填报人：　　　　联系电话：　　　　单位：元

序号	项目名称	项目所在县（市、区）	项目建设单位（项目法人）	项目总投资额	截至 2013 年累计安排省级资金	省级资金安排年份	截至 2015 年 12 月底省级资金结存数	截至 2016 年 6 月 30 日省级资金结存数	存量资金所在账户			存量原因分析
									财政部门	水利部门	项目建设单位	

备注：1. 本次自查资金范围为 2013 年及以前年度省级财政安排的、截至 2015 年 12 月底及 2016 年 6 月 30 日仍未使用完毕的财政资金。“存量原因分析”是指项目未实施、项目未实施完成、项目完工后结余。

2. 本表资金数额单位为“元”；“省级资金安排年份”应为 2013 年及以前年份。

运行管理

关于水资源费征收标准有关问题的通知

（国家发展改革委、财政部、水利部　发改价格〔2013〕29号）

各省、自治区、直辖市发展改革委、物价局、财政厅（局）、水利（水务）厅（局）：

自2006年《取水许可和水资源费征收管理条例》（国务院令第460号）颁布以来，各地积极推进水资源费改革，征收范围不断扩大，征收标准逐步提高，征收力度不断加强，对促进水资源节约、保护、管理与合理开发利用发挥了积极作用。但是，仍存在水资源费标准分类不规范、征收标准特别是地下水征收标准总体偏低、水资源状况和经济发展水平相近地区征收标准差异过大、超计划或者超定额取水累进收取水资源费制度未普遍落实等问题。为指导各地进一步加强水资源费征收标准管理，规范征收标准制定行为，促进水资源节约和保护，现就有关问题提出如下意见：

（一）明确水资源费征收标准制定原则。（1）充分反映不同地区水资源禀赋状况，促进水资源的合理配置；（2）统筹地表水和地下水的合理开发利用，防止地下水过量开采，促进水资源特别是地下水资源的保护；（3）支持低消耗用水，鼓励回收利用水，限制超量取用水，促进水资源的节约；（4）考虑不同产业和行业取用水的差别特点，促进水资源的合理利用；（5）充分考虑当地经济发展水平和社会承受能力，促进社会和谐稳定。

（二）规范水资源费标准分类。区分地表水和地下水分类制定水资源费征收标准。地表水分为农业、城镇公共供水、工商业、水力发电、火力发电贯流式、特种行业及其他取用水；地下水分为农业、城镇公共供水、工商业、特种行业及其他取用水。特种行业取用水包括洗车、洗浴、高尔夫球场、滑雪场等取用水。在上述分类范围内，各省（自治区、直辖市）可根据本地区水资源状况、产业结构和调整方向等情况，进行细化分类。

（三）合理确定水资源费征收标准调整目标。各地要积极推进水资源费改革，综合考虑当地水资源状况、经济发展水平、社会承受能力以及不同产业和行业取用水的差别特点，结合水利工程供水价格、城市供水价格、污水处理费改革进展情况，合理确定每个五年规划本地区水资源费征收标准计划调整目标。在2015年底（“十二五”末）以前，地表水、地下水水资源费平均征收标准原则上应调整到本通知建议的水平以上，具体水平见附表。各地可参照上述目标制定本地区水资源费征收标准调整计划和实施时间表，分步推进。

全省（区、市）范围内不同市县水资源状况、地下水开采和利用等情况差异较大的地区，可分区域制定不同的水资源费征收标准。

（四）严格控制地下水过量开采。同一类型取用水，地下水水资源费征收标准要高于地表水，水资源紧缺地区地下水水资源费征收标准要大幅高于地表水；超采地区的地下水水资源费征收标准要高于非超采地区，严重超采地区的地下水水资源费征收标准要大幅高于非超采地区；城市公共供水管网覆盖范围内取用地下水的自备水源水资源费征收标准要高于公共供水管网未覆盖地区，原则上要高于当地同类用途的城市供水价格。

（五）支持农业生产和农民生活合理取用水。对规定限额内的农业生产取水，不征收水资源费。对超过限额部分尚未征收水资源费且经济社会发展水平低、农民承受能力弱的地区，要妥善把握开征水资源费的时机；对超过限额部分已经征收水资源费的地区，应综合考虑当地水资源条件、农业用水价格水平、农业水费收取情况、农民承受能力以及促进农业节约用水需要等因素从低制定征收标准。主要供农村人口生活用水的集中式饮水工程，暂按当地农业生产取水水资源费政策执行。

农业生产用水包括种植业、畜牧业、水产养殖业、林业用水。

（六）鼓励水资源回收利用。采矿排水（疏干排水）应当依法征收水资源费。采矿排水（疏干排水）由本企业回收利用的，其水资源费征收标准可从低征收。对取用污水处理回用水免征水资源费。

（七）合理制定水力发电用水征收标准。各地应充分考虑水力发电利用水力势能发电、基本不消耗水量的特点，合理制定当地水力发电用水水资源费征收标准，具体标准可参照中央直属和跨省水力发电水资源费征收标准执行。

（八）对超计划或者超定额取水制定惩罚性征收标准。除水力发电、城市供水企业取水外，各取水单位或个人超计划或者超定额取水实行累进收取水资源费。由流域管理机构审批取水的中央直属和跨省、自治区、直辖市水利工程超计划或者超定额取水的，超出计划或定额不足20%的水量部分，在原标准基础上加一倍征收；超出计划或定额20%及以上、不足40%的水量部分，在原标准基础上加两倍征收；超出计划或定额40%及以上水量部分，在原标准基础上加三倍征收。其他超计划或者超定额取水的，具体比例和加收标准由各省、自治区、直辖市物价、财政、水利部门制定。由政府制定商品或服务价格的，经营者超计划或者超定额取水缴纳的水资源费不计入商品或服务定价成本。

各地要认真落实超计划或者超定额取水累进收取水资源费制度，尽快制定累进收取水资源费具体办法。

（九）加强水资源费征收使用管理。各级水资源费征收部门不得重复征收水资源费，不得擅自扩大征收范围、提高征收标准、超越权限收费。要采取切实措施，加大地下水自备水源水资源费征收力度，不得擅自降低征收标准，不得擅自减免、缓征或停征水资源费，确保应征尽征，防止地下水过量开采。同时，要严格落实《水资源费征收使用管理办法》（财综〔2008〕79号）的规定，确保将水资源费专项用于水资源的节约、保护和管理，也可以用于水资源的合理开发，任何单位和个人不得平调、截留或挪作他用。

（十）做好组织实施和宣传工作。各地要高度重视水资源费征收标准制定工作，加强组织领导，周密部署，协调配合，抓好落实。要认真做好水资源费改革和征收标准调整的宣传工作，努力营造良好的舆论环境。

各地制定和调整的水资源费征收标准，要及时报国家发展改革委、财政部和水利部备案。

附件："十二五"末各地区水资源费最低征收标准（略）

2013年1月7日

关于加强农村饮用水水源保护工作的指导意见

（环境保护部办公厅、水利部办公厅　环办〔2015〕53 号）

各省、自治区、直辖市、新疆生产建设兵团环境保护厅（局）、水利（水务）厅（局）：

近年来，我国饮用水水源保护工作取得积极进展，城乡居民饮用水安全保障水平持续提升。但是，由于农村饮用水水源点多面广、单个水源规模较小、部分早期建设的饮水工程老化失修等原因，水源保护管理基础薄弱、防护措施不足、长效运行机制不完善等问题依然存在，农村水源污染事件时有发生。为贯彻党的十八大和十八届二中、三中、四中全会精神，落实《政府工作报告》总体部署，进一步推进农村饮水安全工程建设，加强农村饮用水水源保护工作，按照《水污染防治行动计划》要求，提出如下指导意见：

一、分类推进水源保护区或保护范围划定工作

以供水人口多、环境敏感的水源以及农村饮水安全工程规划支持建设的水源为重点，由地方人民政府按规定制订工作计划，明确划定时限，按期完成农村饮用水水源保护区或保护范围划定工作。对供水人口在一千人以上的集中式饮用水水源，按照《水污染防治法》《水法》等法律法规要求，参照《饮用水水源保护区划分技术规范》，科学编码并划定水源保护区；日供水 1000 吨或服务人口 10000 人以上的水源，应于 2016 年底前完成保护区划定工作。对供水人口小于一千人的饮用水水源，参照《分散式饮用水水源地环境保护指南（试行）》（以下简称《分散式指南》），划定保护范围。

对已建成投运的农村饮水安全工程，工程建设及管理单位应于 2015 年底前向当地环保和水利部门提供相关基础资料，协助做好水源保护区或保护范围的划分及规范管理工作。对新建、改建、扩建的农村饮水工程，工程建设单位应在选址阶段进行水量、水质、水源保护区或保护范围划分方案的论证；水源保护区和保护范围的划分、标志建设、环境综合整治等工作，应与农村饮水工程同时设计、同时建设、同时验收。

二、加强农村饮用水水源规范化建设

一是设立水源保护区标志。地方各级环保、水利等部门，要按照当地政府要求，参照《饮用水水源保护区标志技术要求》《集中式饮用水水源环境保护指南（试行）》（以下简称《集中式指南》）及《分散式指南》，在饮用水水源保护区的边界设立明确的地理界标和明显的警示标志，加强饮用水水源标志及隔离设施的管理维护。

二是推进农村水源环境监管及综合整治。地方各级环保部门要会同有关部门，参照

《集中式指南》《分散式指南》等文件，自2015年起，分期分批调查评估农村饮用水水源环境状况。对可能影响农村饮用水水源环境安全的化工、造纸、冶炼、制药等重点行业、重点污染源，要加强执法监管和风险防范，避免突发环境事件影响水源安全。结合农村环境综合整治工作，开展水源规范化建设，加强水源周边生活污水、垃圾及畜禽养殖废弃物的处理处置，综合防治农药化肥等面源污染。针对因人类活动影响超标的水源，研究制定水质达标方案，因地制宜地开展水源污染防治工作。

三是提升水质监测及检测能力。地方各级水利、环保部门要配合发展改革、卫生计生等部门，按照本级人民政府部署，结合《关于加强农村饮水安全工程水质检测能力建设的指导意见》的落实，提升供水工程水质检测设施装备水平和检测能力，满足农村饮水工程的常规水质检测需求。加强农村饮水工程的水源及水厂水质监测和检测，重点落实日供水1000吨或服务人口10000人以上的供水工程水质检测责任。地方各级环保部门要按照《全国农村环境质量试点监测工作方案》要求，开展农村饮用水水源水质监测工作。

四是防范水源环境风险。地方各级环保部门要会同有关部门，排查农村饮用水水源周边环境隐患，建立风险源名录。指导、督促排污单位，按照《突发事件应对法》和《突发环境事件应急预案管理暂行办法》规定，做好突发水污染事故的风险控制、应急准备、应急处置、事后恢复以及应急预案的编制、评估、发布、备案、演练等工作。参照《集中式地表饮用水水源地环境应急管理工作指南（试行）》，以县或乡镇行政区域为基本单元，编制农村饮用水水源突发环境事件应急预案；一旦发生污染事件，立即启动应急方案，采取有效措施保障群众饮水安全。

三、健全农村饮水工程及水源保护长效机制

地方各级水利、环保部门要会同有关部门，结合农村饮水工程建设、农村环境综合整治、新农村建设等工作，多渠道筹集水源保护资金；按照《农村饮水安全工程建设管理办法》等规定，切实加强资金管理；落实用电用地和税收优惠等政策，推进县级农村供水机构、环境监测机构和维修养护基金建设，保障工程长效运行，确保饮水工程安全、稳定、长期发挥效益。严格工程验收，确保工程质量，未按要求验收或验收不合格的要限期整改。明确供水工程及水源管护主体。指导、督促农村饮水工程管理单位，建立健全水源巡查制度，及时发现并制止威胁供水安全的行为；规范开展水源及供水水质监测和检测，发现异常情况及时向主管部门报告，必要时启动应急供水。

四、进一步加强组织领导

进一步提高认识，认真履行职责、密切配合、协同作战，切实加强农村饮水安全保障工作。

地方各级环保部门要会同水利、发展改革、住房城乡建设、卫生计生等部门，加快推进农村饮用水水源环境状况调查评估工作，抓紧划定水源保护区或保护范围，组织编制农村饮用水水源保护相关管理办法，加强水源保护区环境综合整治及规范化建设等工作。

地方各级水利部门要会同环保、发展改革、住房城乡建设、卫生计生等部门，因地制宜优化水源布局，推进区域集中供水，加强农村饮水工程建设及管理，组织制定相关规范

性文件，落实安全保障措施，及时发现和消除安全隐患，持续提升农村居民饮水安全保障水平。

五、强化宣传教育和公众参与

地方各级水利、环保部门要会同有关部门，切实加强农村饮用水安全、水源保护等相关知识及工作的宣传力度，增强农村居民水源保护意识。按照本级人民政府要求，逐步公布水源水和出厂水水质状况，搭建公众参与平台，强化社会监督，构建全民行动格局，切实提升农村饮水安全保障水平。

2015年6月4日

关于继续实行农村饮水安全工程建设运营税收优惠政策的通知

（财政部、国家税务总局　财税〔2016〕19号）

各省、自治区、直辖市、计划单列市财政厅（局）、国家税务局、地方税务局，新疆生产建设兵团财务局：

为支持农村饮水安全工程（以下简称“饮水工程”）巩固提升，经国务院批准，继续对饮水工程的建设、运营给予税收优惠。现将有关政策通知如下：

（一）对饮水工程运营管理单位为建设饮水工程而承受土地使用权，免征契税。

（二）对饮水工程运营管理单位为建设饮水工程取得土地使用权而签订的产权转移书据，以及与施工单位签订的建设工程承包合同免征印花税。

（三）对饮水工程运营管理单位自用的生产、办公用房产、土地，免征房产税、城镇土地使用税。

（四）对饮水工程运营管理单位向农村居民提供生活用水取得的自来水销售收入，免征增值税。

（五）对饮水工程运营管理单位从事《公共基础设施项目企业所得税优惠目录》规定的饮水工程新建项目投资经营的所得，自项目取得第一笔生产经营收入所属纳税年度起，第一年至第三年免征企业所得税，第四年至第六年减半征收企业所得税。

（六）本文所称饮水工程，是指为农村居民提供生活用水而建设的供水工程设施。本文所称饮水工程运营管理单位，是指负责饮水工程运营管理的自来水公司、供水公司、供水（总）站（厂、中心）、村集体、农民用水合作组织等单位。

对于既向城镇居民供水，又向农村居民供水的饮水工程运营管理单位，依据向农村居民供水收入占总供水收入的比例免征增值税；依据向农村居民供水量占总供水量的比例免征契税、印花税、房产税和城镇土地使用税。无法提供具体比例或所提供数据不实的，不得享受上述税收优惠政策。

（七）符合上述减免税条件的饮水工程运营管理单位需持相关材料向主管税务机关办理备案手续。

（八）上述政策（第五条除外）自2016年1月1日至2018年12月31日执行。

2016年2月25日

关于进一步加强农村饮水工程运行管护工作的指导意见

（水利部　水农〔2015〕306号）

农村饮水安全工程是农村重要的公益性基础设施，对于改善农村居民生活条件、促进农村经济发展、推进城乡一体化具有重要意义。近年来，各地不断加强农村饮水安全工程建设和运行管理，积累了许多丰富的经验，取得了良好的效果。但从历次检查监督情况看，农村饮水安全工程尤其是小型工程管护相对薄弱。为进一步加强农村饮水安全工程的运行管护，确保工程建得成、管得好、长受益，提出以下意见。

（一）加强组织领导，确保责任落实到位。要认真落实农村饮水安全保障行政首长负责制，着力抓好农村饮水安全工程运行管护工作。根据国务院批复《全国农村饮水安全工程"十二五"规划》的要求，县级以上地方人民政府是保障农村饮水安全的责任主体，对保障农村饮水安全工作负总责，水行政主管部门负责农村饮水安全工程的建设和运行指导、管理和监督，发展改革、财政、卫生计生、环境保护、城乡建设等部门要按照各自职责做好项目建设、工程运行管护相关政策、资金保障和水质监测、水源保护等工作。要明确领导责任、部门责任，将责任落实到岗、分解到人，一级抓一级，层层抓落实，切实做到认识到位、领导到位、责任到位、管理到位。切实执行农村饮水安全工程用地、用电和税收等优惠政策。积极营造良好的环境，确保工程可持续运行。

（二）明晰工程产权，落实管护主体和经费。农村饮水安全工程建成后，工程建设单位应及时组织工程验收，验收合格后，建设单位应及时与供水管理单位办理交接手续。对难以落实管理单位的小型饮水工程，应及时将工程移交给工程所在地农村集体经济组织或农民用水合作组织。各地要按照《水利部、财政部关于深化小型水利工程管理体制改革的指导意见》（水建管〔2013〕169号）文件要求，一是按照"谁投资、谁所有、谁受益、谁负担"的原则，明晰工程产权。以国家投资为主兴建的农村饮水安全工程，产权归国家、农村集体经济组织或农民用水合作组织所有，具体由县级人民政府或其授权的部门根据国家有关规定确定。社会资本投资兴建的工程，产权归投资者所有，或按投资者意愿确定产权归属。二是落实工程管护主体和责任。工程产权所有者是工程的管护主体，应建立健全管护制度，落实管护责任，确保工程正常运行。以国家投资为主兴建的农村饮水安全工程，可由县城公共供水公司或区域规模化供水企业或新组建国有独资管理公司为管护主体，统一负责运行管护。三是落实工程管护经费。农村集中供水实行有偿服务，计量收费。农村饮水安全工程的水价按照"补偿成本、合理收益、优质优价、公平负担"的原则合理确定，向社会公示，接受社会和群众监督。可实行"基本水价+计量水价"的两部制水价，通过加强水费征收等措施保证工程正常运行及维护经费。对于水费收入低于工程运行成本、维修养护问题较为突出的地区，应以县为单元建立农村饮水工程维修养护基金，所需资金通过财政补贴、水费提留等方式筹集，以确保工程持续运行。

（三）建立健全农村饮水安全工程基层管理服务体系。原则上要以县为单位，健全县级农村饮水安全工程管理技术服务体系，按照城乡供水一体化的发展方向，有条件的县区依托县城公共供水公司或区域规模化供水企业，建立县级供水技术服务体系，也可成立县级统管的管理服务公司，建立基层技术维修队伍，落实工程技术维修服务人员，设立服务电话，提供技术和维修服务，重点加强对面广量大的小型农村集中供水和分散供水工程建后运行管护状况的监督管理和技术服务。日供水 1000 吨或受益人口 1 万人（以下简称“千吨万人”）规模以上供水工程管理单位应按照专业化管理的相关要求落实专业维修养护人员，实现标准化管理。对“千吨万人”以下小型集中或分散供水工程，可采取政府购买服务、政府与社会资本合作等方式，委托有专业能力的供水单位或专业维修养护服务公司提供维修服务，实现维修、管护服务的社会化、专业化。

（四）强化水源保护和水质保障。建立和执行农村饮水安全工程建设、水源保护、水质监测“三同时”制度，按照环境保护部、水利部《关于加强农村饮用水水源保护工作的指导意见》（环办〔2015〕53 号）要求，加大农村饮用水水源保护工作力度。各级地方人民政府要建立健全协调工作机制，制定农村饮用水水源保护管理办法，分类推进水源保护区或保护范围划定工作，全面强化水源保护，保障水源安全。

要加强对农村供水水源和水质监督管理。可依托较大规模水厂、供水管理机构、卫生疾控等部门现有水质检测能力，加快建设和完善县级或区域水质检测中心。科学制定水质检测制度，加强人员培训，落实检测经费，确保满足小型集中和分散供水工程水质抽检需求。加快实现县级或区域水质卫生检测监测全覆盖，保障水质达标。

农村饮水安全工程管理单位是供水水质管理的责任主体，应建立供水水质检测制度。跨乡镇或规模较大的集中供水工程，应按标准要求安装和使用水质净化和消毒设施设备，配备检测设备和人员，按有关规定进行常规水质检测。未安装或使用水质净化和消毒设施设备的小型集中供水和分散供水工程，也要采取水质净化和消毒措施，加强人员培训和消毒药剂投放管理，并按有关规定委托具有相应资质的单位进行水质检验。

（五）开展关键岗位技术培训，提高工程管理水平。要高度重视农村饮水安全工程管护责任人、净水员以及水质检测人员等关键岗位人员的技术培训，制订培训计划，落实培训经费，开展多层次、多渠道、多形式技术培训，显著提高关键岗位人员的专业技能。由省级水利部门负总责，抓好县级水质检测人员和水厂关键岗位人员培训，建立、健全农村饮水安全工程关键岗位人员长效培训制度。

要加快信息化管理手段的应用步伐，以信息化促进农村供水工程管理的现代化，提高行政监管能力、工程运行效率和水质达标率。推出一批农村饮水安全工程良性运行和水质保障有力的先进典型，每个省（自治区、直辖市）可树立一批先进典型，为本省乃至全国农村饮水工程运行管护和水质保障提供可复制、可推广的经验。

（六）强化监督检查和宣传科普，确保群众喝上干净水。各级水利部门要切实发挥技术优势，以农村饮水安全工程管理机构、供水技术服务体系为主体，整合辖区内乡（镇）

供水站、供水管理单位相关技术力量，加强对农村饮水安全工程运行管护和水质保障工作的监督检查，确保农村饮水安全工程运行管护各项工作落到实处。建立健全农村饮水工程运行维护督查考核机制，实行跟踪督查制、责任追究制和年度考核制，确保工程运行维护工作落到实处。

要加强宣传科普，提高社会和受益群众对农村饮水安全及运行管护、水费收缴的认知水平。充分利用电视公益广告、新闻报纸、互联网、宣传册、宣传栏、现场会等形式广泛开展多层次、多渠道的农村饮水安全工程长效管理的舆论宣传和科普宣传，着力提高农民对饮水安全的认知水平，引导农民自觉管理和爱护工程设施，主动缴纳水费，增强农民主人翁意识和责任感。

2015 年 8 月 5 日

安徽省饮用水水源环境保护条例

安徽省饮用水水源环境保护条例

(2016年9月30日安徽省第十二届人民代表大会常务委员会第三十三次会议通过)

第一章 总 则

第一条 为了加强饮用水水源环境保护，保障饮用水安全，根据《中华人民共和国水污染防治法》和其他有关法律、行政法规，结合本省实际，制定本条例。

第二条 本条例适用于本省行政区域内城乡饮用水水源的环境保护。

本条例所称饮用水水源，是指用于城乡供水的江河、湖泊、水库、水井等地表水水源和地下水水源，包括集中式饮用水水源和分散式饮用水水源。

第三条 各级人民政府对饮用水水源环境质量负责。

县级以上人民政府应当将饮用水水源环境保护纳入国民经济和社会发展规划、土地利用总体规划、城乡规划和水资源综合规划，加大对饮用水水源环境保护的投入，保障饮用水水源生态保护所需资金，建立饮用水水源环境保护的协调机制。

第四条 县级以上人民政府环境保护主管部门对本行政区域内饮用水水源环境保护工作实施统一监督管理。

跨行政区域的饮用水水源环境保护，由共同的上一级人民政府环境保护主管部门实施统一监督管理。

县级以上人民政府水行政、国土资源、公安、卫生计生、交通运输、农业、林业、渔业等部门，按照各自职责，做好饮用水水源环境保护的有关监督管理工作。

第五条 乡镇人民政府、街道办事处应当做好本行政区域内的饮用水水源环境保护工作，配合有关部门做好饮用水水源环境保护的有关监督管理工作。

村（居）民委员会应当做好本区域内的饮用水水源环境保护工作。

第六条 省和有关设区的市人民政府应当建立健全饮用水水源生态保护补偿机制。

鼓励饮用水水源保护受益地区通过资金补偿、对口协作、产业转移、人才培训、共建园区等方式支持、帮助饮用水水源保护地区。

第七条 任何单位和个人均有保护饮用水水源环境的义务，并有权对污染和破坏饮用水水源环境的行为进行检举和投诉。

第二章 保护区的划定

第八条 县级以上人民政府应当根据本行政区域经济社会发展需要和水资源开发利用现状，遵循优先保障城乡居民饮用水的原则，对饮用水水源及相关工程建设等进行统筹规划。涉及跨行政区域供水的布局调整和建设，由共同的上一级人民政府统一规划、协调建设。

县级以上人民政府应当遵循供需协调、综合平衡、保护生态的原则，按照国家要求实行饮用水水源地核准和安全评估制度，加强饮用水水源地规范化建设，防治饮用水水源地污染，保障水源水质安全。

第九条 集中式饮用水水源应当划定保护区。饮用水水源保护区分为一级保护区和二级保护区。必要时，可以在饮用水水源保护区外围划定一定的区域作为准保护区。

饮用水水源保护区的划定，应当按照国家《饮用水水源保护区划分技术规范》，由有关市、县人民政府提出划定方案，报省人民政府批准；跨市、县饮用水水源保护区的划定，由有关市、县人民政府协商提出划定方案，报省人民政府批准；协商不成的，由省人民政府环境保护主管部门会同同级水行政、国土资源、卫生计生、住房和城乡建设等部门提出划定方案，征求同级有关部门的意见后，报省人民政府批准。

乡镇及以下的饮用水水源保护区的划定，由所在地乡镇人民政府提出划定方案，报县级人民政府批准。

经批准的饮用水水源保护区由提出方案的人民政府向社会公告。

第十条 分散式饮用水水源，根据实际需要确定保护范围。

乡镇人民政府应当督促和指导分散式饮用水水源所在地村民委员会制订水源保护公约，明确保护范围，落实保护措施。

第十一条 市、县、乡镇人民政府应当按照饮用水水源保护区标志技术要求，在饮用水水源保护区的边界设立明确的地理界标和明显的警示标志。

饮用水水源一级保护区周边生活生产活动频繁的区域，应当设置隔离防护设施。

任何单位和个人不得损毁、擅自移动饮用水水源保护区地理界标、警示标志和隔离防护设施。

第十二条 单一水源供水的市、县应当按照国家和省规定，建设备用饮用水水源，保障应急供水。

第三章 水源保护

第十三条 地表水饮用水水源一级保护区内的水质，不得低于国家《地表水环境质量标准》Ⅱ类标准；二级保护区内的水质，不得低于国家《地表水环境质量标准》Ⅲ类标准。

地下水饮用水水源保护区内的水质，不得低于国家《地下水质量标准》Ⅲ类标准。

分散式饮用水水源地表水、地下水的水质，不得低于国家《地表水环境质量标准》《地下水质量标准》Ⅲ类标准。

第十四条　在饮用水水源准保护区内，禁止下列行为：

（一）新建扩建制药、化工、造纸、制革、印染、染料、炼焦、炼硫、炼砷、炼油、电镀、农药等对水体污染严重的建设项目；

（二）改建增加排污量的建设项目；

（三）设置易溶性、有毒有害废弃物暂存和转运站；

（四）施用高毒、高残留农药；

（五）毁林开荒；

（六）法律、法规禁止的其他行为。

对准保护区内前款第一项规定的已建项目，县级以上人民政府应当制订方案，采取措施，逐步将其搬出。

第十五条　在饮用水水源二级保护区内，除遵守本条例第十四条的规定外，还禁止下列行为：

（一）设置排污口；

（二）新建、改建、扩建排放污染物的建设项目；

（三）堆放化工原料、危险化学品、矿物油类以及有毒有害矿产品；

（四）从事规模化畜禽养殖；

（五）从事经营性取土和采石（砂）等活动。

已建成的排放污染物的建设项目，由县级以上人民政府责令拆除或者关闭。

在饮用水水源二级保护区内从事网箱养殖、旅游等活动的，应当按照规定采取措施，防止污染饮用水水体。

第十六条　在饮用水水源一级保护区内，除遵守本条例第十四条、第十五条的规定外，还禁止下列行为：

（一）新建、改建、扩建与供水设施和保护水源无关的建设项目；

（二）从事网箱养殖、畜禽养殖、施用化肥农药的种植以及旅游、游泳、垂钓等可能污染饮用水水源的行为；

（三）停靠与保护水源无关的机动船舶；

（四）堆放工业废渣、生活垃圾和其他废弃物。

已建成的与供水设施和保护水源无关的建设项目，由县级以上人民政府责令拆除或者关闭。

第十七条　在地下水饮用水水源保护区内从事生产经营活动，除遵守本条例第十四条、第十五条、第十六条的规定外，还应当遵守下列规定：

（一）人工回灌补给地下饮用水的水质，不得低于国家《地表水环境质量标准》Ⅲ类标准；

（二）农田灌溉水的水质，应当符合国家农田灌溉水质标准；

（三）科学施用农药、化肥，递减农药、化肥用量，禁止使用国家明令禁止的农药；

（四）兴建地下工程设施或者进行地下勘探、采矿等活动，应当采取防止地下水污染的措施；

（五）对在地下水饮用水水源保护区内停止使用的取水口，有关单位应当将其及时封闭；

（六）法律、法规和国家其他有关规定。

第十八条　饮用水水源保护区的水质达不到要求的，应当在准保护区或者汇水区域采取水污染物容量总量控制措施，并限期达标。

第十九条　县级以上人民政府应当加强饮用水水源保护区以及周边城乡环境综合整治，完善城乡生活污水、生活垃圾处理设施，积极推广沼气池建设，改造化粪池以及农村厕所，防止生活污水、生活垃圾污染饮用水水源。

第二十条　在分散式饮用水水源保护范围内，不得清洗盛农药容器、有农药残留的容器以及衣物；不得堆积肥料；不得从事规模化畜禽养殖等行为。

第四章　监督管理

第二十一条　县级以上人民政府水行政主管部门应当科学制定合理开发利用水资源的规划，协调生活、生产经营和生态环境用水，做好水土保持工作，负责农村饮水安全工程的行业管理和业务指导。

加强饮用水水源水量的监测，合理调配水资源；枯水季节或者出现重大旱情时，应当优先保障饮用水取水。

第二十二条　县级以上人民政府林业部门应当加强饮用水水源保护区以及周边水源涵养林建设、湿地保护与恢复，改善生态环境，提高水体自净能力。

第二十三条　县级以上人民政府卫生计生部门应当加强城乡饮用水卫生监测和卫生监督管理。

第二十四条　县级以上人民政府农业部门应当加强种植业的监督管理，控制农药、化肥、农膜对饮用水水源的污染。

县级以上人民政府确定的畜禽养殖管理部门应当统筹环境承载能力以及畜禽养殖污染防治要求，确定畜禽养殖的规模、总量。

渔业部门应当加强对饮用水水源保护区内渔业船舶和水产养殖业的污染防治。

第二十五条　县级以上人民政府国土资源部门应当加强地下水资源的监测、评价和保护，防止地下水源污染、地面沉降、岩溶塌陷、水质恶化等现象发生。

第二十六条　县级以上人民政府交通运输部门、海事管理机构应当加强对饮用水水源保护区内通航水域船舶污染的监督管理。

第二十七条　县级以上人民政府公安机关在划定、调整危险化学品运输车辆通行区域或者指定剧毒化学品运输车辆线路时，应当避开饮用水水源保护区；确实无法避开的，应当采取安全防护措施。

通过水路运输危险化学品的，应当遵守法律、行政法规以及国务院交通运输主管部门关于危险货物水路运输安全的规定。

第二十八条　县级以上人民政府环境保护主管部门应当加强饮用水水源实时监测能力

建设，定期对集中式饮用水水源水质状况进行监测；采取措施，推进分散式饮用水水源水质监测工作；在突发水污染事件等特殊时段应当扩大监测范围，增加监测频次和项目，提高风险预警预报能力。

县级以上人民政府环境保护主管部门应当定期开展对饮用水水源环境状况的评估，并将评估结果报告本级人民政府。

县级以上人民政府环境保护主管部门应当在门户网站或者当地主要媒体上定期发布饮用水水源水质信息，接受社会监督。

第二十九条　县级以上人民政府环境保护主管部门应当加强对饮用水水源保护区以及相关流域、区域内污染物排放情况的监督检查，发现饮用水水源受到污染或者可能受到污染的，应当及时制止和查处。

对饮用水水源保护区和准保护区内不能确定责任人的污染源，由所在地县级人民政府组织有关部门和单位予以处置。

第三十条　建立饮用水水源环境保护巡查制度。

县级以上人民政府环境保护、水行政、住房和城乡建设等部门或者江河、湖泊、水库的管理单位应当按照各自职责对集中式饮用水水源保护区进行巡查，发现影响饮用水水源安全的行为，应当及时制止并依法处理，或者转交有关主管部门处理。

乡镇人民政府、街道办事处应当组织和指导村（居）民委员会开展分散式饮用水水源保护范围巡查，发现问题，应当及时采取措施并向有关主管部门报告。

第三十一条　各级人民政府应当组织编制本行政区域饮用水水源污染事故应急预案，配备应急救援设施设备和物资，建立应急救援队伍。

相关重点水污染物排放单位、供水单位应当编制饮用水水源污染事故应急方案，报所在地环境保护主管部门备案，并做好应急准备，定期进行演练。供水单位的应急方案还应当报所在地供水管理部门备案。

第三十二条　有关单位发生突发水污染事件，造成或者可能造成饮用水水源污染事故的，应当立即启动应急方案，采取应急措施，同时按照规定向所在地县级以上人民政府或者环境保护主管部门报告。环境保护主管部门接到报告后，应当立即报告本级人民政府，并通报有关部门，及时采取应对措施，有效化解环境风险隐患。

发生突发性事件，造成或者可能造成饮用水水源污染事故的，所在地人民政府应当立即启动相应的应急预案，组织有关部门做好应急供水准备。饮用水水源污染事故跨行政区域的，应当及时将有关情况通报可能受污染事故影响地区的人民政府和共同的上一级人民政府。

因干旱、洪水以及其他突发性事件等造成饮用水水源水质达不到国家规定水质标准的，县级以上人民政府环境保护主管部门应当对相关区域的排污单位依法采取限产、停产等措施，减少污染物排放，确保饮用水安全。

第三十三条　流域上下游有关人民政府应当建立饮用水水源环境保护联合监测、联合执法、应急联动、信息共享的协作机制。实行跨市、县行政区域边界上下游断面水质交接责任制，加强跨界饮用水水源污染防治监督管理。

第三十四条　县级以上人民政府环境保护等主管部门应当公开举报方式，及时受理公民、法人和其他组织对污染、破坏饮用水水源环境行为的检举，并依法查处。

第五章　法律责任

第三十五条　违反本条例规定，《中华人民共和国水污染防治法》、《中华人民共和国水法》等法律、行政法规已有处罚规定的，从其规定；构成犯罪的，依法追究刑事责任。

第三十六条　违反本条例第十一条第三款规定，损毁或者擅自移动饮用水水源保护区地理界标、警示标志和隔离防护设施的，由县级以上人民政府确定的有关部门责令停止违法行为，限期恢复原状；情节严重的，处以二千元以上一万元以下的罚款。

第三十七条　违反本条例第十四条第一款第三项规定，在饮用水水源保护区和准保护区内设置易溶性、有毒有害废弃物暂存和转运站的，由县级以上人民政府环境保护主管部门责令停止违法行为，处以十万元以上五十万元以下的罚款。

违反本条例第十四条第一款第四项规定，在饮用水水源保护区和准保护区内施用高毒、高残留农药的，由县级以上人民政府农业部门责令停止违法行为，处以二千元以上一万元以下的罚款。

第三十八条　违反本条例第十五条第一款第三项规定，在饮用水水源保护区内堆放化工原料、危险化学品、矿物油类以及有毒有害矿产品的，由县级以上人民政府环境保护主管部门责令停止违法行为，处以十万元以上五十万元以下的罚款。

违反本条例第十五条第一款第四项规定，在饮用水水源保护区内从事规模化畜禽养殖的，由县级以上人民政府环境保护主管部门责令停止违法行为，处以十万元以上五十万元以下的罚款，并报经有批准权的人民政府批准，责令拆除或者关闭。

违反本条例第十五条第一款第五项规定，在饮用水水源保护区内从事经营性取土和采石（砂）等活动的，由县级以上人民政府水行政或者国土资源部门责令停止违法行为，依法没收违法所得，并处以一万元以上五万元以下的罚款。

第三十九条　违反本条例第十六条第一款第三项规定，在饮用水水源一级保护区内停靠与保护水源无关的机动船舶的，由县级以上人民政府交通运输部门或者海事管理机构责令驶离，并给予警告；仍不驶离或者多次停靠的，处以二千元以上一万元以下的罚款。

第四十条　县级以上人民政府、环境保护主管部门和其他有关部门、机构及其工作人员，在饮用水水源环境保护管理工作中违反本条例规定，有下列行为之一的，对直接负责的主管人员和其他直接责任人依法给予处分：

（一）未依法划定或者调整饮用水水源保护区的；

（二）未按照规定开展饮用水水源巡查、水质监测和评估的；

（三）未按照规定处置饮用水水源污染事故，造成严重后果的；

（四）其他滥用职权、玩忽职守、徇私舞弊的行为。

第六章　附　则

第四十一条　本条例自2016年12月1日起施行。2001年7月28日安徽省第九届人民代表大会常务委员会第二十四次会议通过的《安徽省城镇生活饮用水水源环境保护条例》同时废止。

关于加强集中式饮用水水源安全保障工作的通知

（省人民政府办公厅　皖政办〔2013〕18 号）

各市、县人民政府，省政府各部门、各直属机构：

加强集中式饮用水水源保护，是确保群众饮用水安全的首要任务，直接关系到群众生命健康和社会和谐稳定。为进一步加强集中式饮用水水源安全保障，切实维护群众饮用水安全，经省政府同意，现就有关事项通知如下：

一、切实增强责任意识

当前，我省饮用水水源安全形势不容乐观，一些饮用水源水质不能满足标准要求，少数饮用水水源保护区内存在农业面源污染、违法实施项目建设等，部分市、县还没有饮用水备用水源。对此，各级政府、各有关部门要从打造生态强省、建设美好安徽的战略高度，充分认识做好饮用水水源安全保障工作的重要性和紧迫性，加强组织，落实责任，细化措施，切实维护饮用水源安全。

二、落实各项保护措施

各地要深入实施《全国城市饮用水水源地环境保护规划（2008—2020）》、《全国城市饮用水水源地安全保障规划（2008—2020）》、《全国地下水污染防治规划（2011—2020）》，科学划定和调整集中式饮用水水源保护区范围，加快推进规范化建设。严格按照《水污染防治法》和《安徽省城镇生活饮用水水源环境保护条例》规定，坚决拆除或关闭饮用水水源一、二级保护区内所有排污口；坚决拆除或关闭饮用水水源一级保护区内所有与供水设施和水源保护无关的建设项目，禁止网箱养殖、旅游、餐饮等可能污染饮用水源水体的活动；坚决拆除或关闭饮用水水源二级保护区内所有排放污染物建设项目，严格防止网箱养殖、旅游等活动污染饮用水源水体。定期开展饮用水水源检查评估工作，深入排查各类环境安全隐患，2013 年年底前全面完成集中式饮用水水源保护区环境综合整治。

三、加强水质水量监测

各地要在年度饮用水水源地环境状况调查评估工作的基础上，加强地表水、地下水水源地水质、水量监测能力建设。定期开展饮用水水源地水质监测，城市集中式饮用水水源地每月监测一次，每年开展一次水质全分析监测；县级城镇地表水饮用水水源地每季度监测一次，地下水饮用水水源地每半年监测一次，每两年开展一次水质全分析监测。监测结果及时报告本级政府，通报相关部门和供水单位，并向社会公布水质状况。

四、推进备用水源建设

各市、县人民政府要积极组织发展改革、财政、国土资源、环保、住房城乡建设、水利、卫生等部门，加快饮用水备用水源和供水管网建设，加大资金投入，切实保障备用水源保护和维护。无备用水源的设区市要在2013年年底前启动备用水源建设，2016年年底前全部建成。无备用水源的县（市）要在2014年年底前启动备用水源建设，2018年年底前全部建成。

五、完善工作报告制度

各地因发生突发性事故，造成或可能造成饮用水水源污染的，要及时向上一级人民政府报告，并通报上一级人民政府环保、国土资源、住房城乡建设、水利、卫生等部门，坚决杜绝瞒报、漏报行为。一旦发生饮用水水源污染事故，要迅速查清并切断污染源，立即采取应急处置措施，及时减轻或者消除污染。

2013年6月22日

关于印发《关于加强农村饮水安全工程建后管理养护的实施意见》的通知

（省水利厅、省财政厅　皖水农〔2011〕230 号）

各市水利（水务）局、财政局：

为强化民生工程的建后管理养护工作，根据省民生办的统一部署，特制定《关于加强农村饮水安全工程建后管理养护的实施意见》，现印发给你们，请认真贯彻执行。

2011 年 6 月 10 日

关于加强农村饮水安全工程建后管理养护的实施意见

为加强农村饮水安全工程运行管理，保障农村饮水安全，推进社会主义新农村建设，根据《中华人民共和国水法》、《国务院办公厅关于加强饮用水安全保障工作的通知》（国办发〔2005〕45 号）有关规定，制定本实施意见。

一、提高认识，着眼长远保障饮水安全工程正常运转

全省实施农村饮水安全工程以来，各地、各有关部门高度重视，建成了一大批农村饮水安全工程，但部分地方缺乏有效管护，正常运转受到影响，难以长期发挥效益。随着大量工程建成使用，加强管护更加紧迫。各地、各有关部门要充分提高认识，把农村饮水安全工程建设和管护放在同等重要的位置，健全管护长效机制。要坚持政府主导和市场运作相结合的原则，落实管护主体，明确管护内容，强化管护责任，建立责任明确、制度健全、措施有力的管护制度，实现管理专业化、服务社会化，长期发挥工程运行的社会效益和经济效益。

二、明确职责，强化行业主管部门管理和监督作用

农村饮水安全工程后期管理养护包括工程运行管理、水源水质安全管理、供水用水管理等。县级人民政府是农村饮水安全工程的责任主体，对工程的安全有效运行负总责。同时，要明确职责，强化行业主管部门管理和监督作用，层层分解落实管理责任，做到管理

责任落实到部门，具体责任落实到人。水行政主管部门是农村饮水安全工程建设和运行管理的行业主管部门，负责农村饮水安全工程的行业监管和技术指导。其所属的农村饮水安全专管机构（如农村饮水安全管理总站、农村饮水安全管理中心等），负责全县农村饮水安全工程的建设和运行管理监督。县级卫生部门主要负责农村饮水安全工程卫生监督和水质监管工作。县级环保部门主要负责对农村饮水安全工程饮用水源地的环境保护和污染防治。县级物价部门主要负责对农村饮水安全工程供水水价的核定和监管。县级财政、电力、国土资源、住房城乡建设、农业、公安、宣传等有关部门按照职责分工负责农村饮水安全工程的相关工作。

三、分类管理，多措并举健全管养机制

（一）工程运行管理

1. 按照有利于群众使用、有利于工程可持续利用的原则，明晰工程所有权，采取灵活多样的方式进行运行管理。要根据不同的工程类型和规模，经营方式逐步向集中管理、公司化运营方向发展。

2. 以国家投资为主、结合群众筹资投劳兴建的跨乡镇村的规模较大的集中供水工程，原则上可由县级水行政主管部门负责管理，也可委托有资质的专业管理单位负责管理，还可通过租赁、承包和产权转让等多种形式进行管理、运行和维护，实行企业管理、独立经营、单独核算、自负盈亏，形成以水养水良性循环的运行机制。同时，实行承包、租赁、拍卖使用权方式管理的，政府投资部分所得收益要纳入财政管理。

3. 以国家投资为主兴建的规模较小的单村供水工程，原则上可组建用水户协会行使“业主”职能，工程的运行维护和经营管理可由用水户协会或村委会直接负责；也可经用水户同意，通过公开竞标、竞争性谈判等方式，承包给有资质的专业管理单位或具备相应管理能力、掌握供水技术、讲诚信的个体户经营，并签订合同，明确用水户协会（村委会）和经营者的权责与收益分配等；联户建设的小型供水工程，实行自建、自有、自管、自用的管理体制。

4. 以民营资金投资为主、国家补助为辅，经县级人民政府同意，采取BOT方式融资兴建的供水工程，原则上按照事前签订的合同，在规定期限内，由民营投资者经营管理。

5. 由县级人民政府授予特许经营权、以私人投资为主或股份制形式修建的供水工程由业主负责管理。

（二）水源水质安全管理

1. 按照《中华人民共和国水污染防治法》《安徽省城镇生活饮用水水源环境保护条例》的要求，各级政府、供水管理单位以及有关部门要加强农村饮水安全工程饮用水水源的统一管理，进一步加大水源保护和水污染防治工作力度，任何单位或个人不得在饮用水水源保护区内进行与供水设施和水源保护无关的开发建设活动，禁止一切排污行为。

2. 供水单位应当根据《村镇供水工程技术规范》的要求，加强对农村饮水安全工程供水设施的管理和保护，定期进行检测、维修、养护并建档登记，确保安全运行。

3. 供水单位应当建立健全水质检测制度，日供水1000立方米或者供水人口10000人以上的集中供水工程，供水单位应当设立水质检验室，配备仪器设备，有专业检验人员，负责供水水质的日常检验工作，接受各级卫生部门的监督和抽验，保证供水质量符合国家规定的饮用水标准。因供水规模较小，未设水质检验室的供水单位应委托具有相应资质的专业检测机构定期检测供水水质。

4. 县级水行政主管部门应当会同有关部门制定农村饮水安全保障应急预案，报同级人民政府批准实施；供水单位应当制定供水安全运行应急预案，报县级水行政主管部门备案。因环境污染或者其他突发性事件造成水源、供水水质污染的，供水单位应当立即停止供水，及时向当地政府及环境保护、卫生、水利等主管部门报告，同时通知用水户。

5. 直接从事农村饮水安全工程供水工作的人员，必须持县级以上卫生防疫部门颁发的健康证上岗，并定期进行体检，符合健康标准的方可上岗工作。

6. 凡造成水源变化、水质污染或农村饮水安全工程损坏的，应按“谁污染、谁负责，谁损坏、谁补偿”的原则，由造成污染、破坏的单位或个人负责处理并赔偿损失。

（三）供水用水管理

1. 实行有偿供水。为保证农村饮水安全工程发挥效益，除分散工程自建自管外，其余供水工程都应实行有偿供水、计量收费，其水价由县级物价商水务、财政部门按照水利工程供水价格管理办法等文件制定。居民生活用水价格不得低于成本价，也不得高于当地县城居民供水价，水价核定后，应当向社会公示。需要变更供水价格的，应当按照原规定程序重新核准。

2. 规范水费收缴和使用。水费由供水单位或由其委托的单位、个人计收，使用水费专用票据。用水单位和个人应按照规定的计量标准和供水价格按时交纳水费。逾期不交的，供水单位有权按合同约定加收滞纳金等方式进行处理。

水费收入主要用于工程设施的管理、维修，更新、改造和管理人员工资等项目支出，任何单位和个人不得摊派、截留和挪用水费。供水单位要建立健全财务制度，定期向群众公布水价、水量、水质、水费收支情况，接收水行政主管部门、财政部门对水费收入、使用等事项的监督，确保群众吃上“放心水、明白水、安全水”。

3. 加强供水管理。

（1）供水单位应与用水户签订供水协议，按协议规定供水。由于工程施工、维修等原因确需停止供水的，供水单位应提前通知用水户；因发生自然灾害或不可预见事故而不能提前通知用水户的，供水单位应在积极抢修的同时，及时通知用水户，并报告县级水行政主管部门。

（2）供水单位有提供的水质、水量达不到国家规定标准、无正当理由擅自停止供水、供水设施发生故障未及时组织抢修、擅自调整水价等情形的，由县级水行政主管部门责令改正，造成损失的，要赔偿损失。

（3）用水户应当履行下列义务：按时交纳水费；不得擅自改变用水性质；不得盗用或者擅自向其他单位和个人转供用水；不得擅自改动、拆除公共供水设施或者擅自在公共供水管网上接水；变更或者终止用水，应当到供水单位办理相关手续。用水户应当按时交纳水费，逾期不交纳的，供水单位有权按照合同约定收取违约金。

4. 制定实施优惠政策。规模较大的水厂建设用地作为公益性项目建设用地，统一纳入当地年度建设用地计划；规模较小的水厂用地仍属农业用地性质，由乡镇和村自行调剂解决。供水用电执行农业生产用电价格。市县要设立运行维护专项经费，对农村饮水安全工程运行初期给予政策性亏损补贴，以及对地方政府、用水户协会或村委会直接负责维护的供水工程安排一定的养护经费。运行维护专项经费主要来源为：股份制、承包、租赁、拍卖等方式转让工程经营权，政府投入部分所获得收益，以及市、县财政预算安排资金等。

转发国土资源部水利部关于农村饮水安全工程建设用地管理有关问题的通知

（省国土资源厅、省水利厅　皖国土资函〔2012〕584号）

各市国土资源局、水利局，广德、宿松县国土资源局、水利局：

现将《国土资源部水利部关于农村饮水安全工程建设用地管理有关问题的通知》（国土资发〔2012〕10号）转发给你们，并提出如下意见，请一并贯彻执行。

（一）农村饮水安全工程建设要尽可能利用农村现有建设用地，不用或少用新增建设用地。项目选址在土地利用总体规划确定的城镇村用地范围内，占用农用地的，由所在市、县在省下达的新增建设用地计划中安排，占用未利用地的，由省统一解决；项目选址在城镇村规划用地范围外的，所需独立选址用地计划由省统筹安排。

（二）各市、县水利、国土资源部门要加强沟通和协作，水利部门编制农村饮水安全工程规划时，要征求国土资源部门的意见，避开重要矿产资源矿产地和地质灾害易发区，尽量不压覆探矿权、采矿权；要及时将农村饮水安全工程规划和年度用地需求情况提前向国土资源部门通报；国土资源部门要积极配合，根据水利部门通报的规划和用地需求情况，提前安排农村饮水安全工程项目用地有关事宜。

（三）对需要上报省政府审批的农村饮水安全工程用地，选址在土地利用总体规划确定的城镇村建设用地范围内的，由市、县（市、区）国土资源部门按照批次用地要求，一次性打捆申报；选址在土地利用总体规划确定的城镇村建设用地范围外的，按照单独选址项目用地报批要求，以县（市、区）为单位集中打捆上报，其建设用地预审由立项同级的国土资源部门按规定办理；涉及压覆无探明资源储量探矿权的，用地单位征得探矿权人同意，并由探矿权人出具书面同意意见即可，涉及压覆有探明储量探矿权和采矿权的，需要进行评估，并由建设单位与矿业权人签订补充协议。

2012年4月9日

关于农村饮水安全工程建设用地管理有关问题的通知

（国土资源部、水利部 国土资发〔2012〕10号）

各省、自治区、直辖市国土资源主管部门、水利（水务）厅局，新疆生产建设兵团国土资源局、水利局，各派驻地方的国家土地督察局：

解决农村饮水安全问题，是当前农民最关心、最直接、最现实的利益问题之一，是实现全面建设小康社会、构建社会主义和谐社会的重要内容，也是当前统筹城乡发展、建设社会主义新农村的一项重大民生工程。为贯彻落实《中共中央国务院关于加快水利改革发展的决定》（中发〔2011〕1号）提出的"制定支持农村饮水安全工程建设的用地政策，确保土地供应"的规定精神，经研究，现就做好农村饮水安全工程建设用地管理有关问题通知如下：

（一）农村饮水安全工程建设涉及项目用地（以下简称"饮水项目用地"）应遵循保障民生、依法合规、节约用地、简化程序的原则，确保农村饮水安全工程建设土地供应，切实保障农村饮水安全工程建设顺利实施，让广大农村群众尽早喝上放心水。

（二）农村饮水安全工程是农村的一项公益性基础设施，各地要结合新一轮规划修编，将其用地纳入土地利用总体规划，并列入县（市、区）年度新增建设用地计划。

（三）农村饮水安全工程建设要尽可能利用农村现有存量建设用地，充分挖掘农村建设用地潜力，不用或少用新增建设用地。确需使用新增建设用地的，应根据工程总体布置方案，尽量利用荒山荒坡等未利用地，少占或不占农用地，严格控制占有耕地，不得占用基本农田。

（四）饮水项目选址在土地利用总体规划确定的城镇建设用地范围外的，原则上依法使用集体土地，不实行征收，但日供水千吨万人以上饮水项目用地也可实行征收。不实行征收的，必须就用地补偿与农村集体经济组织协商，达成一致；涉及新增建设用地的，应依法办理农用地转用审批手续；占用耕地的，由村集体经济组织落实补充耕地。

（五）饮水项目选址在土地利用总体规划确定的城镇建设用地范围内的，应使用国有建设用地，按规定以划拨方式取得。涉及农用地转用和土地征收的，依法办理农用地转用和土地征收手续。

（六）饮水项目用地农用地转用和土地征收审批，可由县级人民政府组织，一年一次性打捆，比照单独选址建设项目用地申报，报有审批权一级人民政府批准。涉及缴纳新增建设用地有偿使用费的，按规定缴纳。

（七）饮水项目用地要严格控制规模，节约集约，并防止以饮水安全为名进行其他项目建设。涉及土地征收的，要同地同价，做好征地补偿安置工作；占用集体土地的，要进行合理补偿，群众没有不同意见。

（八）省级国土资源部门要按照本通知要求和有关规定，制定饮水项目用地报批具体操作办法，简化报批手续，缩短报批周期；制定占用集体土地补偿的指导意见，县级国土资源部门抓好落实，保障集体经济组织和农民合法权益。

（九）地方各级水利部门要编制好农村饮水安全工程建设规划，提前提出用地需求，统筹安排好各项目资金；要密切与国土资源部门沟通，加强协作，切实做好农村饮水安全工程建设用地有关工作，促进农村饮水安全工程顺利建设。

2012 年 1 月 17 日

关于开展农村集中式供水工程水源保护区划定工作的通知

（省环境保护厅、省水利厅　皖环发〔2014〕53 号）

各市、省直管县环保局、水利（水务）局：

为进一步加强农村集中式饮用水水源保护，保障群众饮水安全，按照《中华人民共和国水污染防治法》《全国农村饮水安全工程“十二五”规划》《安徽省农村饮水安全工程管理办法》（省人民政府令第 238 号）要求，现就开展农村集中式供水工程水源保护区划定工作有关事项通知如下：

一、依法划定农村集中式供水工程水源保护区

农村集中式供水工程，是指从水源地集中取水，经净化和消毒，水质达到国家生活饮用水卫生标准后，利用输配水管网统一输送到用户或者集中供水点的供水工程。各地应建立农村集中式饮用水水源保护区制度，农村集中式供水工程要依法划定水源保护区。已建成并投入使用的农村集中式供水工程（供水人口在 1000 人以上的）应在 2015 年 6 月底前完成水源保护区的划定工作。

二、农村集中式供水工程水源保护区的划定要求

农村集中式供水工程水源保护区的划定，由县级环保部门会同水利（水务）等相关部门提出划定方案，县级人民政府报市级人民政府批准后公布，并报省环保厅、水利厅备案。

已建成的农村集中式供水工程，工程管理单位应将水源选址分析及项目竣工验收等相关材料报送县级环保及水利（水务）部门，作为保护区划分的依据。在建或新建的农村集中式供水工程，应按照《饮用水水源保护区划分技术规范》要求，在水源选址阶段，根据不同水源类型保护区划分要求，综合当地的地理位置、水文、气象、地质、水动力特征、水污染类型、污染源分布、水源地规模以及水量需求等因素，分析水源选址的可行性，初步划定水源保护区，报送县级环保及水利（水务）部门审查。水源保护区的划定应与供水工程设计及建设同步开展。

三、农村集中式供水工程水源保护区的监督管理

市、县人民政府应当在农村集中式供水工程水源保护区的边界，设立明确的地理界标和明显的警示标志。市、县人民政府环保、水利（水务）部门应加强对农村集中式供水工

程水源保护区的保护和监督管理。日供水1000立方米以上或者供水人口1万人以上的集中式供水工程，供水单位应建立水质检验室，配置相应的水质检测设备和人员，定期对水源水质进行检测，并向市、县人民政府相关部门报告检测结果。

省环保厅、省水利厅将联合对各市工作开展情况进行现场督查。

联系人：省环保厅　张石龙　0551-62376220
　　　　省水利厅　张智文　0551-62128418

2014年12月16日

关于调整水资源费征收标准的通知

（省物价局、省财政厅、省水利厅　皖价商〔2015〕66号）

各市、县物价局，财政局，水利（水务）局：

为贯彻落实国家发改委、财政部、水利部《关于水资源费征收标准有关问题的通知》（发改价格〔2013〕29号）精神，进一步加强水资源费征收管理，规范征收标准，促进水资源节约和保护，经省政府同意，决定对水资源费征收标准进行适当调整。现将有关事项通知如下：

一、征收范围及对象

本省行政区域内，凡利用取水工程或者设施直接从江河、湖泊或者地下取用水资源的单位和个人，除《安徽省取水许可和水资源费征收管理实施办法》规定的不需要办理取水许可的，都应缴纳水资源费。

农业生产、农民生活，以及社会应急抢险取（排）用水的，暂缓征收水资源费。

二、征收标准

按照国家发改委、财政部、水利部《关于水资源费征收标准有关问题的通知》（发改价格〔2013〕29号）要求，“十二五”末以前，我省地表水水资源费平均征收标准不低于每立方米0.10元；地下水水资源费平均征收标准不低于每立方米0.20元。经研究决定，自2015年9月1日起，适当调整我省水资源费征收标准。

（一）地表水。淮河流域及合肥市、滁州市水资源费征收标准为每立方米0.12元；其他地区为每立方米0.08元。其中，水力发电用水水资源费征收标准0.003元/（kW·h）；贯流式火电为0.001元/（kW·h），抽水蓄能电站发电循环用水量暂不征收水资源费。

（二）地下水。浅层地下水（井深<50米）水资源费征收标准为每立方米0.15元。中深层地下水（井深≥50米）为每立方米0.30元。阜阳市地下水水资源费征收标准仍按皖价商〔2012〕77号规定执行，市区内自备水井取用中深层（井深≥50米）地下水为每立方米0.60元，浅层（井深<50米）地下水为每立方米0.20元。地热水、矿泉水及其他经济价值较高水为每立方米0.70元。采矿疏干排水无计量设施的按照吨产品0.20元计征水资源费，采矿疏干排水再利用的从低征收。

三、实行取水定额和超额累进加价制度

除水力发电、城市供水企业取水外，水行政主管部门应会同价格主管部门编制重点取水单位和个人年度用水计划或定额。对于取水量超出计划或定额不足20%的水量部分，在

原标准基础上加一倍征收；超出计划或定额20%及以上、不足50%的水量部分，在原标准基础上加两倍征收；超出计划或定额50%及以上的水量部分，在原标准基础上加三倍征收。

四、严格贯彻落实水资源费管理政策

（一）按照政策规定，我省水资源费征收标准由省物价局会同省财政厅、省水利厅制定，各地各有关部门应贯彻执行。各地不得擅自越权出台减免缓政策。各级水资源费征收部门不得重复征收，也不得提高或降低征收标准、超越权限收费。

水资源费实行按月征收。各取水单位和个人应及时足额缴纳水资源费，对于拒绝缴纳的，水资源费征收部门应按有关规定进行处罚。

（二）水资源费属于政府非税收入，全额纳入财政预算，实行“收支两条线”管理。各地要严格执行水资源费征收使用管理有关规定。缴库时，列《2015年政府收支分类科目》103类“非税收入”02款“专项收入”02项“水资源费收入”99目“其他水资源费收入”。使用省财政厅印制的《安徽省政府非税收入一般缴款书》。

（三）水资源费征收单位应加强收费公示工作，主动公开收费项目和收费标准，接受物价、财政和审计部门监督。

本通知自2015年9月1日起执行，我省过去有关规定与本通知不符的，一律以本通知为准。

2015年4月30日

关于完善农村自来水价格管理的指导意见

（省物价局、省水利厅　皖价商〔2015〕127号）

各市、县物价局，水利（水务）局：

我省《农村自来水价格管理规定》（皖价商〔2011〕66号）印发以来，各地按照文件要求，积极探索农村自来水价格管理，取得一些成效，同时也出现了一些新情况、新问题，为完善政策，现就加强我省农村自来水价格管理，提出如下意见：

一、关于水价制度

农村安全饮水工程是一项社会关注、群众期盼的民生工程，农村自来水价格的制定，应充分考虑农村饮水安全工程的公益性质，工程所在地的乡镇政府应承担公共服务责任。

农村自来水价格管理权限属县（市、区）政府。农村自来水价格实行“两部制”水价或“单一”水价。在实行“两部制”水价制度时，应广泛征求受益群众意见。水价难以满足农村饮水安全工程运行维护需要的，由县、乡（镇）财政补助，确保水厂正常安全运行。具体水价由所在地乡（镇）政府审核后报县（市、区）物价局审批。

二、关于管网配套及入户工程费用

社会投资建设的农村供水工程，应按照价格部门核定的标准，向用户收取管网配套费用。农村饮水安全工程干支管网至居民分户计量水表部分由国家投资建设，供水企业不得再向农村饮水安全工程规划内的农村居民收取管网配套费用，农村饮水安全工程居民分户计量水表以下入户部分费用可由用户负担，每户不应超过300元。

三、关于农村饮水安全工程运行用电价格

农村饮水安全工程运行用电执行农业生产用电价格，其执行范围为：我省农村饮水安全工程规划范围内的供水工程。

2015年8月26日

关于印发农村自来水价格管理规定的通知

（省物价局　皖价商〔2011〕66号）

各市、县物价局：

现将《农村自来水价格管理规定》印发给你们，请认真贯彻实施。

2011年4月8日

农村自来水价格管理规定

为规范农村自来水价格管理，保障供、用水双方的合法权益，有效保护和利用农村水资源，提高广大农村群众生活质量，促进农村供水事业的健康发展，根据原国家计委、原建设部《城市供水价格管理办法》，结合我省实际，现就农村自来水价格管理规定如下：

（一）农村自来水价格是指具有法人资格的乡镇级供水企业、跨村经营的供水企业以及政府投资建设的农村饮水安全工程等自来水价格。

（二）价格管理的形式和权限。根据国家发展改革委《关于安徽省定价目录的批复》（发改委〔2010〕676号）规定，农村自来水价格授权市、县人民政府制定，市、县价格主管部门具体承办，县级制定的农村自来水价格应报市级备案。单村运行的供水工程（农村饮水安全工程除外）的自来水价格，由供水单位与村民委员会或受益户自主确定。

（三）农村自来水销售分类。农村自来水根据使用性质可分为居民、非居民用水两类或不进行分类。由各地结合当地用水实际情况确定。农村自来水原则上应实行单一制水价，装表到户、抄表到户、计量收费。对目前已实行两部制水价的地区，要结合水价调整，逐步取消；未实行两部制水价的地区，不再推行两部制水价。

（四）制定自来水价格的原则。农村自来水价格要按照补偿成本、保本微利、公平负担、节约用水的原则确定。

（五）农村自来水价格构成。农村自来水价格由供水成本（包括制水成本和输水成本）、费用、税金、利润构成。成本和费用按国家财政主管部门颁发的《企业财务通则》和《企业会计准则》等有关规定核定。其中，水损可按企业年供水量的10%～20%计入成本；利润按净资产利润率6%～10%核定，政府投资部分以及向用户收取的管网配套费用等不计取利润。

（六）输、配管网建设费用。农村供水企业主干管道建设运行费用计入生产经营成本。

供水主干管道以下至居民分户计量水表部分的用户管网配套费用，经价格部门核定标准后，由供水企业向用户一次性收取。建成后，无偿移交供水企业，不提取折旧，由供水企业负责维修维护。对有政府补贴的农村安全饮水工程，制定管网配套费标准时应扣除政府补贴部分。

（七）农村自来水价格制定和调整的程序。各地价格主管部门要根据供水成本运行情况和当地经济社会发展状况，适时制定和调整自来水价格。具体程序按国家发展改革委《政府制定价格行为规则》（第 44 号令）执行。要进一步加强对农村自来水价格监管工作，监督自来水企业抄表到户，实行水价、水量、水费“三公开”制度。

（八）本规定自 2011 年 5 月 1 日起执行。以往文件与本规定不一致的，一律以本规定为准。

关于进一步加强农村饮水安全工程建设管理工作的通知

（省水利厅　皖水农函〔2010〕414号）

各市水利（水务）局：

近日，水利部在重庆召开全国农村饮水安全工程建设现场会暨示范县建设经验交流会，水利部副部长鄂竟平到会并作重要讲话。根据会议精神，现将有关要求通知如下：

（一）为确保年底前完成水利部提出的100%落实配套资金、100%竣工验收和100%发挥效益，工程质量优良率90%以上的目标任务，请各地按照我厅《关于下达2010年农村饮水安全工程任务指标的通知》（皖水农函〔2010〕319号），尽快完成招投标等前期工作，尽早开工建设。

（二）根据卫生部门监测，农村饮水安全工程水质合格率较低。请各地认真分析原因，采取切实可行的措施，下大力气解决水质达标问题，具体目标要在去年的基础上提高5个百分点。工作中要贯彻执行生活饮用水卫生标准，所有工程必须配备净化消毒设施，同时做好水源水、出厂水和末梢水的水质检测、监测工作，合理划定水源保护区和饮水安全工程保护范围。

（三）根据会议要求，各地今年内要以县为单位成立饮水安全管理中心（或管理站），负责做好本地供水工程管护工作，抓好水厂标准化、规范化建设，搞好水厂运行管理人员的应知培训和操作常识训练，确保工程良性运行。

（四）通过今年各地批复的农村饮水安全工程实施方案来看，淮北部分地区工程建设规模偏小，势必造成运行困难，难以维持。请各地认真研究，优化工程设计，在实施中对规模较小的水厂合并建设。

（五）按照水利部的统一要求，6月底前必须完成部—省—市—县四级互连互通网络建设任务，并投入运行。请各地积极准备，加强培训，确保完成任务。

2010年5月24日

关于加强农村饮水工程水源安全保障工作的通知

（省水利厅　皖水资源函〔2012〕304号）

各市水利（水务）局，广德县水务局、宿松县水利局：

农村饮水安全工程是省委、省政府高度重视的一项民生工程，是推进社会主义新农村建设、构建社会主义和谐社会的重要任务，饮用水源地的水量、水质直接关系到农村居民饮水安全。为保障饮用水源安全，根据《安徽省取水许可和水资源费征收管理实施办法》和省水利厅、发改委、财政厅、物价局《关于对水资源管理专项检查中发现的突出问题整改的通知》（皖水资源〔2010〕262号）等有关要求，现就加强农村饮水工程水源安全保障工作通知如下：

（一）要结合农村饮水安全工程“十二五”规划任务，认真梳理本地区新建和已建的农村饮水工程，落实水源保障措施。对新建的农饮工程，要有经批准的水源分析论证材料，作为项目审批和办理取水申请的依据。

（二）对已建工程，在办理取水许可证时，应补充水源地水量、水质及应急供水等评价材料，并经有管辖权的水行政主管部门确认，否则不予核发取水许可证。

（三）各地要按照相关规定认真落实农村饮水安全工程水源的水源地保护、水源涵养、水质监测等工作，切实保障农村饮用水源安全。

农村饮水安全工程事关广大农村群众的身体健康、生活福祉，各地要本着以人为本、执政为民的理念，深刻认识保障饮用水源安全的重要性和必要性，认真做好农村饮水工程供水水源水量、水质的科学分析与评价，确保供水安全。

2012年3月21日

关于加强农村饮水安全工程卫生学评价和水质卫生监测工作的通知

（卫生部、国家发展改革委、水利部　卫疾控发〔2008〕3号）

各省、自治区、直辖市及新疆生产建设兵团、计划单列市卫生厅（局）、发展改革委（厅）、水利（水务）厅（局）：

为贯彻落实《全国农村饮水安全工程“十一五”规划》（以下简称《规划》），规范农村饮水安全工程建设和管理，保障农村居民饮用水卫生安全，根据《中华人民共和国传染病防治法》《国务院办公厅关于加强饮用水安全保障工作的通知》（国办发〔2005〕45号）《生活饮用水卫生标准》（GB 5749—2006），现就加强农村饮水安全工程卫生学评价和水质卫生监测工作通知如下：

一、进一步明确农村饮水安全工程卫生学评价和水质卫生监测工作目标和任务

按照《规划》确定的建设目标，“十一五”期间，重点解决饮用水中氟大于2mg/L、砷大于0.05mg/L、溶解性总固体大于2g/L、耗氧量大于6mg/L、致病微生物和铁、锰严重超标的水质问题，使现已查明的中重度氟病区村、砷病区村、血吸虫疫区以及其他涉水重病区村的饮水问题全部得到解决。要实现上述目标任务，必须切实抓好农村饮水安全工程卫生学评价和水质卫生监测工作。

开展饮水安全工程卫生学评价工作，是有效评估工程卫生防病效果，确保工程建成后水质达标和如期发挥效益的重要基础；做好饮水安全工程水质卫生监测工作，是保证供水水质卫生安全，促进农村饮水安全工程长期有效运转的重要措施。

农村饮水安全工程卫生学评价的主要任务：一是新改扩建农村饮水安全工程受益范围，必须按照《规划》要求，切实优先解决中重度氟病区村、砷病区村、血吸虫疫区以及其他涉水重病区饮水卫生安全问题；二是从技术的角度，对工程技术方案、工艺流程的选择和落实情况提出意见和建议；三是从卫生安全的角度，有针对性地开展建设前水源和建成后验收性水质检测及分析。

当前要重点开展设计供水能力≥3000m^3/日的农村集中式供水工程的卫生学评价工作；其他小型农村集中式供水工程及分散式工程，主要做好工程建设前水源及建成后验收性水质检测工作，保证防病改水工程能落实到病区。

农村饮水安全工程水质卫生监测的主要任务：一是建立水质卫生常规监测制度；二是健全水质卫生监测体系；三是建立监测数据信息系统、报告制度和通报制度；四是开展水性疾病资料的收集、汇总和分析，探索建立水性疾病评估、预测体系。

农村饮水安全工程卫生学评价和水质卫生监测工作，既相互影响又相互促进。要完成《规划》确定的目标任务，需要把这两项工作同布置、同检查、同落实。

二、按照《规划》确定的职责分工，落实部门责任

地方卫生、发展改革、水利部门要在当地人民政府的统一领导下，各负其责，密切配合，切实按照卫生部、国家发展改革委和水利部制定的《农村饮水安全工程卫生学评价管理办法（试行）》和《农村饮水安全工程水质卫生监测工作方案（试行）》的要求开展工作。

地方各级卫生行政部门负责根据《规划》提出中重度氟病区、砷病区、血吸虫疫区以及其他涉水重病区需解决饮水安全问题的范围；组织制订农村饮水安全工程卫生学评价和水质监测工作计划；组织实施农村饮水安全工程卫生学评价和水质卫生监测工作；完成年度工作报告报同级人民政府和上一级卫生行政部门，同时抄送同级发展改革和水利行政主管部门。卫生行政部门要加强对辖区内农村饮水安全工程卫生学评价和水质卫生监测工作的检查、指导和监督，定期通报农村饮水安全工程卫生学评价和水质卫生监测工作进展情况。

地方各级发展改革、水行政主管部门在会同有关部门落实饮水安全工程规划、编制项目可行性研究报告和初步设计时，要充分听取卫生部门的意见，科学规划、合理布局，切实做好《规划》内的病区和饮水水质未达标地区的饮水安全工作。年度项目投资计划下达后各级发展改革、水利部门要及时通报卫生行政部门。工程建设过程中，发展改革、水行政主管部门要加强行业监管，提高供水工程管理单位的服务水平，让群众真正喝上卫生、安全水。

三、建立有效的监督保障措施，确保《规划》目标如期实现

各地要高度重视农村饮水安全工程卫生学评价和水质监测工作，安排必要的经费，配备相应的人员和设备，保证卫生学评价效果和水质监测数据的准确。卫生行政主管部门要科学合理确定农村饮水安全工程卫生学评价内容，价格行政主管部门要合理确定相应的收费标准，防止加重地方和建设单位的不合理负担。饮水安全工程卫生学评价费用可纳入工程前期工作和建设经费解决，常规水质监测费用由各级财政安排解决。

各级卫生、发展改革、水利部门要切实加强信息沟通与工作配合，建立部门工作协调机制，明确此项工作的分管领导，共同研究解决工作中出现的问题，联合开展监督和检查，确保《规划》确定的各项目标顺利实现。

各级卫生、发展改革、水利部门要采取多种形式向广大农民宣传饮水卫生和环境卫生知识，提高农民的饮水安全和健康意识，积极引导农民全过程参与农村供水工程建设与管理，让广大农民群众和社会力量参与农村饮水安全各项工作落实情况的监督。

附件：1. 农村饮水安全工程卫生学评价管理办法（试行）

2. 农村饮水安全工程水质卫生监测工作方案（试行）

2008 年 1 月 7 日

附件1：

农村饮水安全工程卫生学评价管理办法

（试行）

第一章　总　则

第一条　为贯彻落实《全国农村饮水安全工程“十一五”规划》（以下简称《规划》），规范农村饮水安全工程卫生学评价工作，保障农村饮水卫生安全，保障农村居民身体健康，依据《中华人民共和国传染病防治法》《国务院办公厅关于加强饮用水安全保障工作的通知》《生活饮用水卫生标准》，特制定本办法。

第二条　本办法适用于《规划》范围内新改扩建设计供水能力≥3000m³/日的农村集中式供水工程。其他农村小型集中式供水工程及分散式供水工程，各地可根据实际情况参照本办法执行。

第三条　农村饮水安全工程卫生学评价工作实行分类指导、分级负责。设计供水能力≥3000m³/日的农村集中式供水工程卫生学评价由省级卫生行政部门组织开展；其他农村小型集中式供水工程及分散式供水工程，建设前的水源及建成后验收性水质检测由县级或市级卫生行政部门组织开展，涉及防病改水工程的，要对项目落实到病区情况进行评价。

第二章　程　序

第四条　卫生行政部门按照饮水安全工程年度投资计划，在与发展改革、水利部门沟通的基础上，制订农村饮水安全工程卫生学评价工作计划。

第五条　卫生行政部门负责组织专家工作组，根据工程进度，通过参与工程技术审查、检查、验收和专题论证等开展工作。

第六条　评价结束后，专家工作组应当出具卫生学评价报告。

第七条　卫生学评价报告经组织实施的卫生行政部门审核后提交给当地人民政府，并抄送同级水行政主管部门。

第三章　卫生学评价

第八条　农村饮水安全工程卫生学评价的内容主要包括：工程覆盖的范围和病区类型；工程可行性研究报告和初步设计中卫生安全要求的落实情况，即工程卫生风险性评价；建成前水源及建成后验收性水质检测分析。

第九条　卫生学评价中的水质卫生检测包括对水源水、出厂水和管网末梢水的检测。

出厂水和管网末梢水的水质卫生检测执行《生活饮用水卫生标准》（GB 5749—2006）要求的全部常规指标。

第十条　水样的采集、保存和运输、水质检测按照《生活饮用水标准检验方法》（GB/T 5750—2006）执行；水质分析结果按照《生活饮用水卫生标准》（GB 5749—2006）进行评价。

第十一条　卫生学评价报告主要内容应当包括：工程覆盖的病区村、病区受益人口数、水源水质、水处理工艺、输配水系统的卫生风险性评价、出厂水和末梢水水质分析及评价、供水单位水质分析能力评估等。

第四章　附　则

第十二条　农村饮水安全工程卫生学评价报告的规范性文本，由卫生部疾病预防控制局（全国爱卫办）统一印制下发。

第十二条　本办法由各级卫生行政部门负责组织实施。

第十四条　本办法由卫生部、国家发展改革委、水利部负责解释。

第十五条　本办法自发布之日起施行。

附件2：

农村饮水安全工程水质卫生监测工作方案

（试行）

为保证农村饮水安全工程的供水水质，保障农村居民的身体健康，依据《中华人民共和国传染病防治法》《国务院办公厅关于加强饮用水安全保障工作的通知》《生活饮用水卫生标准》等，制订本工作方案。

一、工作目标

完善农村饮用水水质卫生监测体系。通过开展监测，掌握农村饮水安全工程水质卫生动态，为预防控制水性疾病和应对饮用水卫生突发事件提供可靠依据，为政府有关部门科学决策以及制定相关规划提供技术支持。

二、工作内容

主要包括对供水单位出厂水、末梢水的水质监测，当地水性疾病相关资料的收集和分析，监测信息报告系统的运行及信息发布。

监测范围为《规划》中新改扩建农村饮水安全工程集中式供水单位，对分散式供水分类抽取不少于1%。

（一）水质卫生监测

供水工程基本情况：水源类型，供水方式，供水范围，供水人口、饮用水污染事件等基本信息。

水样的采集、保存和运输：集中式供水监测点一年分枯水期和丰水期检测2次，每次采集出厂水、末梢水水样各1份，当发生影响水质的突发事件时，对受影响的供水单位增加检测频率；分散式供水监测点在丰水期采集农户家中储水器水样1份。水样保存、运输、检测分析按照《生活饮用水标准检验方法》（GB/T 5750—2006）执行。

水质分析结果按照《生活饮用水卫生标准》（GB 5749—2006）进行评价。

监测指标包括：

1. 感官性状和一般化学指标：色度（度）、浑浊度（NTU）、臭和味（描述）、肉眼可见物、pH、铁（mg/L）、锰（mg/L）、氯化物（mg/L）、硫酸盐（mg/L）、溶解性总固体、总硬度（mg/L以$CaCO_3$计）、耗氧量（mg/L）、氨氮（mg/L）。

2. 毒理指标：砷（mg/L）、氟化物（mg/L）、硝酸盐（以N计）（mg/L）。

3. 微生物学指标：菌落总数（CFU/mL）、总大肠菌群（MPN/100mL）、耐热大肠菌群（MPN/100mL）。

4. 与消毒有关的指标：应根据水消毒所用消毒剂的种类选择监测指标，如游离余氯

（mg/L）、臭氧（mg/L）、二氧化氯（mg/L）等。

各地可结合当地的实际情况适当增加监测指标。

（二）水性疾病监测

由中国疾病预防控制中心等技术部门通过传染病监测网、全死因疾病监测网等途径，收集农村水性疾病发生情况和相关资料，经进一步调查、分析、整理，逐步建立水性疾病数据库，掌握水性疾病状况。主要内容包括：

1. 经水传播的重点肠道传染病（伤寒、霍乱、痢疾、甲肝）监测；

2. 饮水所致的地方病监测；

3. 肿瘤及慢性非传染性疾病死因监测。

（三）监测信息报告及通报

监测信息报告实行统计报表（丰水期、枯水期各报 1 次，发生突发事件时及时上报）逐级汇总报告制，由省级爱卫办组织技术力量形成本省份报告后于每年 9 月底以前报卫生部疾病预防控制局（全国爱卫办）；卫生部疾病预防控制局（全国爱卫办）组织中国疾病预防控制中心等技术部门形成国家级农村饮用水水质卫生监测分析报告报卫生部，由卫生部定期通报农村饮用水水质卫生监测工作情况。

三、保障措施

为保证农村饮水安全工程水质卫生监测工作的质量和实效，各级卫生行政部门、水行政主管部门和疾病预防控制中心要采取多种措施，建立长效的保障机制。

（一）地方各级卫生行政部门负责本辖区内的农村饮用水水质卫生监测的管理工作和建立长效工作机制，制订年度工作计划，积极协调财政部门落实监测经费，组织开展督导检查工作，按时提交年度工作报告。

（二）各级疾病预防控制中心要指定专（兼）职人员负责农村饮用水水样水质检测、数据上报、核实汇总及分析工作，建立监测数据的审核检查制度，加强卫生检测专业技术人员的技术培训和实验室质量控制工作，保证监测数据的可靠性。

（三）各级水行政主管部门及供水单位要积极配合卫生部门开展农村饮水安全工程水质卫生监测工作，切实保证信息畅通、资料数据准确及时，实现农村饮水安全工程的长期有效运转。

关于进一步强化农村饮水工程水质净化消毒和检测工作的通知

（水利部　水农〔2015〕116号）

各省、自治区、直辖市水利（水务）厅（局），新疆生产建设兵团水利局：

饮用水水质直接关系广大人民群众身体健康和生命安全，加强农村饮水工程水质净化消毒和检测工作，是促进水质达标和提高水质合格率的重要手段。各地要进一步增强紧迫感和责任感，按照饮水安全保障行政首长负责制的要求，切实加强领导，把农村饮水工程水质净化消毒和检测工作，作为农村饮水安全建设管理当务之急的一项重点工作抓紧抓实抓好。根据发展改革委、水利部、卫生计生委、环境保护部《关于加强农村饮水安全工程水质检测能力建设的指导意见》（发改农经〔2013〕2259号）等有关文件，并针对当前农村饮水安全工程建设与运行中存在的主要问题，现就有关事项通知如下。

一、进一步完善配套农村饮水工程水质净化消毒设施设备，确保正常运行

《生活饮用水卫生标准》（GB 5749—2006）规定生活饮用水应经消毒处理，保证用户饮用安全。日供水规模200m^{3}以上工程要按标准要求设计、安装水质净化和消毒设备；日供水规模200m^{3}以下小型集中式供水工程要按要求进行消毒。

各地对未按标准要求设计水质净化和消毒设施的工程，主管部门不予立项审批；对已建工程未配套安装水质净化和消毒设备的，主管部门不予验收；已投运工程的供水水质达不到生活饮用水卫生标准要求的，主管部门要督导限期整改达标。各地要高度重视适宜农村供水净化和消毒技术及设备的选择，严把工程设计与设备招标采购关，保证采购质量合格的水质净化和消毒设备。各地要结合实际，通过开展技术研究与应用示范，总结形成适宜当地条件的农村饮水工程水质净化和消毒技术模式，并加大推广力度。要切实加强水质净化和消毒设施设备运行管理技术指导与培训，建立设备运行的记录档案，加大检查和监督力度，确保水质净化和消毒设施设备正常使用，有效提高供水水质合格率，保障农村饮用水安全。

二、切实抓好千吨万人以上农村水厂水质化验室配备和日常水质检测工作

千吨万人（日供水1000吨或供水人口1万人）以上水厂必须建立水质化验室。供水单位应根据供水规模及具体情况，建立水质检验制度，配备检验人员和检验设备，开展水源水、出厂水和末梢水的定期检测。出厂水一般日检9项指标，包括色度、浑浊度、臭和味、肉眼可见物、pH、耗氧量、菌落总数、总大肠菌群、消毒剂余量。水源水、管网末

梢水检测项目及频次按照《村镇供水工程运行管理规程》（SL 689—2013）执行。管网末梢水检测点按照每2万供水人口设1个点的标准设立，供水人口在2万以下时，检测点设置应不少于1个。供水单位要按照规定的检测项目和频次，切实做好水质检测工作，并将检测结果按规定及时上报县级水行政主管部门。

各地要切实加强监管，对不按规定设计水质化验室的，主管部门不予立项审批；对在建工程未配备水质化验室的，主管部门不予验收；对已建工程没有水质化验室的，要求限期整改。各级水行政主管部门要加强对千吨万人以上水厂水质化验室的建设及运行的监督检查、技术指导和培训力度，切实提高规模水厂水质检测能力和应急处置能力。

三、加快区域农村饮水安全水质检测中心建设，确保完成“十二五”规划目标任务

农村供水工程量大面广、规模相对较小、水质检测能力相对薄弱，建设区域水质检测中心是解决农村饮水水质检测覆盖面窄、提高预防控制和应急处置饮用水卫生突发事件能力的有效手段。区域水质检测中心的主要职能，一是对本区域内$20m^3/d$以上集中式供水工程开展水源水、出厂水、管网末梢水的水质抽检；二是对区域内$20m^3/d$以下的小型供水工程和分散式供水工程进行水质巡检；三是为供水单位和农村饮水安全专管机构提供技术支撑。各地要切实加大工作力度，加快区域水质检测中心的前期工作和建设管理，确保2015年底前全面完成建设任务。具体要求如下：

（一）前期工作要求。区域水质检测中心建设以省为单位统筹规划布局实施，原则上以县为单位建立水质检测中心。水质检测中心原则上依托项目县规模较大水厂化验室组建，也可依托水利、卫生、环保、城市供水等现有水质检测、监测机构建立。中央对每个县级水质检测中心平均补助72万元，主要用于购置水质检测仪器设备，可根据需要配备水质采样和巡检车辆。地方由省级统筹可按差别化补助投资政策安排。

各地要按照先建机制、后建工程的原则，研究适合当地的建设管理模式。区域水质检测中心建设要编制实施方案，应包括依托机构、检测指标筛选、仪器设备配备、化验室建设、质量控制、人员配备、制度建设、工程投资、运行经费落实等内容。各省（自治区、直辖市）要在2015年3月底前完成区域水质检测中心实施方案的审查批复工作。

（二）检测能力和检测指标要求。区域水质检测中心应满足本区域内所有农村饮水安全工程日常水质检测需要，按照检测能力区域统筹、整合资源、相互补助的原则，具备42项常规指标检测能力。地方各级水行政主管部门要加强指导，在对区域水质情况进行全面评价基础上，根据水源水质、净水工艺、供水规模等具体情况，合理确定各水质检测中心的具体检测指标。

仪器设备的配备，应按照《生活饮用水卫生标准》（GB 5749—2006）中42项常规指标和本地特有的非常规指标，科学合理确定检测指标和配置检测能力，具有一定的实验室化验能力和现场检测能力。化验室仪器设备和现场采样及水质检测车的具体配置参考《农村饮水安全工程水质检测中心建设导则》（发改农经〔2013〕2259号）要求执行。

（三）水质抽检和巡检要求。区域水质检测中心应对供水规模$20m^3/d$及以上的供水工程开展定期水质检测，不同规模集中式供水工程的水质检测指标和频次要求按照《村镇供水工程运行管理规程》（SL 689—2013）执行。其中，供水规模$20m^3/d$及以上的集中式

供水工程抽检要求：（1）出厂水主要检测色度、浑浊度、pH、消毒剂余量和特殊水处理指标（如水源水中氟化物、砷、铁、锰、溶解性总固体、硝酸盐或氨氮等超标指标）。（2）末梢水主要检测色度、浑浊度、pH、消毒剂余量等。（3）每个月应对区域内20%以上的集中式供水工程进行现场水质抽测。供水规模20m^3/d以下供水工程和分散式供水工程的水质巡检要求：应根据水源类型、水质及水处理情况进行分类，各类选择不少于2个有代表性的工程，每年至少对主要常规指标和存在风险的非常规指标进行1次检测分析。

（四）仪器设备采购要求。检测仪器设备和检测车辆原则上由省级或地市级进行统一招标采购，确保设备仪器质量，便于统一检测人员培训、做好设备维修、药品药剂及耗材供应等工作。

（五）人员配备与运行经费落实。水质检测中心建设前，应先行落实水质检测专业技术人员，并全程参与水质检测中心设计和建设。具备42项常规指标检测能力的水质检测中心通常应配备专门水质检测人员4～6人，具体检测人数由各地根据检测任务确定。检测人员应有相关专业中专以上学历并掌握水质分析、化学检验等相应专业基础知识与实际操作技能，经培训取得岗位证书。水质检测中心的运行管理经费应列入县级财政预算解决。有条件的地区可以水费收入和社会服务收费作为补充。在编制县水质中心建设方案时要根据年检测任务估算年运行费用，并提出经费落实方案。

（六）管理制度建设。区域水质检测中心建成后，要建立健全水质检测人员管理、设备管理、质量管理、安全管理和信息管理等制度。主要包括：岗位责任制和检测人员定期培训与考核制度；仪器设备使用及维护制度；样品采集及检测管理制度；化验室安全管理制度；仪器设备、原始记录、检测报告等信息档案管理制度；按规定向农村饮水行政主管部门报送水质检测数据和信息。供水单位和主管部门发现水质不达标问题后，要及时采取有效措施，改善供水水质状况，确保供水水质安全。

附件：1. 主要仪器标准和计量检定规程

2. 主要仪器检测水质指标

2015年3月6日

附件 1：

主要仪器标准和计量检定规程

单光束紫外可见分光光度计（GB/T 26798—2011）
双光束紫外可见分光光度计（GB/T 26813—2011）
原子吸收分光光度计（GB/T 21187—2007）
原子吸收分光光度计（JJG 694—2009）
原子荧光光谱仪（GB/T 21191—2007）
气相色谱仪检定规程（JJG 700—1999）
离子色谱仪（JJG 823—2014）
低本底 α 和/或 β 测量仪（GB/T 11682—2008）

附件 2：

主要仪器检测水质指标

主要仪器	检测水质指标
紫外可见光分光光度计	用于氯、二氧化氯、臭氧、甲醛、挥发酚类、阴离子合成洗涤剂、氟化物、硝酸盐、硫酸盐、氰化物、铝、铁、锰、铜、锌、砷、硒、铬（六价）、镉、铅、氨氮和石油类等检测
原子吸收分光光度计	用于镉、铅、铝、铁、锰、铜、锌等检测
原子荧光光度计	用于汞、砷、硒、镉、铅等检测
气相色谱仪	用于四氯化碳、三卤甲烷等检测
离子色谱仪	用于氯化物、硫酸盐、硝酸盐、氟化物、溴酸盐、氯酸盐、亚氯酸盐等检测
低本底总 α、β 测量仪	用于总 α、总 β 放射性检测

转发关于加强农村饮水安全工程水质检测能力建设的通知

（省发展改革委、省水利厅、省卫生计生委、省环保厅
皖发改农经〔2014〕524号）

各市发展改革委、水利（水务）局、卫生局（卫生计生委）、环境保护局：

现将国家发展改革委、水利部、国家卫生计生委、环境保护部《关于加强农村饮水安全工程水质检测能力建设的指导意见》（发改农经〔2013〕2259号，以下简称《指导意见》）转发给你们，并提出如下要求，请结合我省农村饮水安全工作实际认真贯彻执行。

（一）开展水质检测中心建设情况调查。按照国家要求，省级应编制农村饮水安全工程水质检测中心总体建设方案，为此，我们制定了《安徽省农村饮水安全工程水质检测中心建设调查提纲》（以下简称《调查提纲》，见附件）。各市由水利部门牵头、相关部门密切配合认真开展调查，组织所属县（市、区）按《调查提纲》要求形成调查报告，填写相应表格，并于11月20日前汇总形成正式文件报送至省水利厅，抄送省发展改革委、省卫生计生委和省环保厅，同时电子版发送至：ahncys@ 163. com。

（二）确定水质检测中心建设典型县。根据我省水源条件、供水方式以及现有水质检测机构能力等不同情况，本次选择定远县、金安区、利辛县、固镇县、当涂县和广德县作为典型县，请各典型县结合《调查提纲》要求，认真编制县级农村饮水安全工程水质检测中心建设方案，省级将派遣调研组进行现场调研和指导。各典型县建设方案上报时间要求与其他县一致。

联系人：省水利厅农水处　王常森　电话：0551-62128164

附件：安徽省农村饮水安全工程水质检测中心建设调查提纲

2014年10月29日

附件：

安徽省农村饮水安全工程水质检测中心建设调查提纲

1 农村供水现状情况

1.1 自然概况、社会经济、水资源情况

简要介绍自然概况、人口、社会经济、水资源情况等。

1.2 农村供水工程基本情况

1.2.1 集中式供水工程情况
工程处数、供水人口、供水规模、工程类型、水源类型、水处理设施等，填写附表1。
1.2.2 分散式供水工程情况
类型、人口、范围等。
1.2.3 规模水厂建设情况
指达到“千吨万人”供水规模的水厂，工程处数、供水人口、分年度建设情况等。

1.3 农村饮用水源保护现状及水质状况

1.3.1 主要水源情况
1.3.2 水源可能存在的污染及水质超标的指标

1.4 采用的主要水处理工艺、消毒方法和供水水质

不同水源主要水处理工艺；全县各水厂的消毒方法；各类供水工程出厂水质及主要超标项目等。

2 全县饮用水水质检测能力现状

2.1 县级水质检测机构情况及建设情况

包括水质检测机构、机构隶属关系（卫生、水利、城建部门等）、人员编制、实验室建设和仪器设备配置，检测能力以及经费渠道等，填写附表2。

2.2 农村饮水安全工程水质检测开展情况

包括水质检测机构、检测方法、检测项目、检测频次、检测经费与渠道，以及存在的主要问题等，填写附表3。

2.3 水厂化验室建设情况

包括水厂名称、规模、隶属关系（水利、城建部门等）、人员编制、实验室建设和仪器设备配置，检测能力以及经费渠道等。

2.4 现有检测能力的可利用情况

3 水质检测中心建设方案

3.1 水质检测指标

本县农村供水工程需要检测具体水质指标（可参照《生活饮用水卫生标准》（GB 5749—2006）和《农村饮水安全工程水质检测中心建设导则》，并结合本县实际确定）。

3.2 化验室场所和办公设施建设

参照《农村饮水安全工程水质检测中心建设导则》，在充分利用现有条件的基础上，进行化验室总体布局。

3.3 检测仪器设备配置

根据水质检测中心的建设目的，确定仪器设备配置并掌握以下原则：

（1）仪器设备技术成熟、检测结果稳定；

（2）设备尽可能通用，节约场地，便于操作人员一机多用；

（3）所选设备应当价格合理，优先选用国产成熟产品。

3.3.1 化验室检测仪器设备

参照《农村饮水安全工程水质检测中心建设导则》，列出主要检测仪器设备和辅助检测仪器设备配置清单，如附表4和附表5所示。

3.3.2 水质检测车和便携式水质检测设备

参照《农村饮水安全工程水质检测中心建设导则》，列出相应设备清单，如附表6所示。

3.4 机构设置和检测专业人员配备

3.4.1 机构组建方式

说明本县农村饮水安全工程水质检测中心的组建方式，并分析该种建设方式的有利条件，填写附表7。

如是依托建设，则需说明依托部门已有水质检测条件（包括具体的检测指标；仪器设备台数、型号；化验室面积；现有人员情况等）及需要补充更新的设备等情况。

3.4.2 人员配备

说明拟配备人员的来源、编制、数量和学历及专业要求。

3.5 拟建成时间

2015 年底前。

4 检测任务、运营成本和资金渠道

4.1 检测任务分析

水质检测中心的主要检测任务包括：集中供水工程的日常现场检测和常规水质指标定期检测。可根据工程类型、检测指标和检测频次分别对水源水、出厂水和管网末梢水检测任务分析。

4.2 年运营成本测算

水质检测中心的年运行费用主要包括：人员费、巡查及现场采样的交通费、检测药剂和试剂费、仪器设备及交通车的维护费、办公费（包括水、电、暖、纸张等管理费用）和不可预见费（包括应急供水的检测费用、小型水厂的义务检测服务费用）等，可根据以下要求确定：

（1）人员费用可按当地助理工程师或工程师（考虑发展和人员稳定）的标准估算；

（2）交通费可根据当地的集中水厂数量及分布、巡查及现场采样频率等估算；

（3）检测药剂和试剂费可根据年检测指标和频次等估算；

（4）仪器设备年运行维护费按相关规定估算。

4.3 资金渠道

要具体明确落实运行经费来源。

5 管理体制与运行机制

5.1 管理机制

5.2 运行机制

6 建设经费概算及资金筹措

6.1 编制依据

6.2 建设经费概算

水质检测中心建设费用应包含化验室场所和办公设施改造费用、实验室仪器设备费用、现场采样及检测所需仪器设备费用等。

6.3 资金筹措

7 工程建设和运行保障措施

从机构、财务、人才、制度、水源保护等方面进行论述。

附表：1. 县级农村集中式供水工程基本情况表（略）
2. 县级饮用水水质检测能力基本情况表（略）
3. 县级农村饮水安全工程水质检测开展情况表（略）
4. 县级水质检测中心主要仪器设备配备表（略）
5. 县级水质检测中心辅助仪器设备配备表（略）
6. 县级水质检测中心现场采样及检测所需仪器设备表（略）
7. 县级水质检测中心建设和运行费用估算表（略）

关于加强农村饮水安全工程水质检测能力建设的指导意见

（国家发展改革委、水利部、国家卫生计生委、环境保护部　发改农经〔2013〕2259号）

有关省、自治区、直辖市、新疆生产建设兵团发展改革委、水利（水务）厅（局）、卫生厅（局、卫生计生委）、环境保护厅（局）：

按照国务院批准《全国农村饮水安全工程“十二五”规划》的有关要求，为进一步提高农村饮水安全工程水质检测能力，促进水质达标，确保供水安全，拟从2014年起，在全国稳步开展农村饮水安全工程水质检测能力建设。为科学有序做好这项工作，现提出以下意见：

一、总体要求

针对农村饮水安全工程类型多、分布广、标准低和水质检测能力弱的特点，按照省级统筹、合理布局、资源共享、全面覆盖的原则，依托规模较大水厂水质化验室及现有水质检测机构、监测机构、供水管理机构，分期分级建设完善区域农村饮水安全工程水质检测中心（站、室，以下统称“水质检测中心”），提升工程水质检测设施装备水平和检测能力，满足区域内农村供水工程的常规水质检测需求。区域水质检测中心除承担规模较大集中式供水工程水源水、出厂水、管网末梢水的水质自检外，还要对区域内设计供水规模20m^3/d以下的集中式供水工程和分散式供水工程进行巡检，以统筹解决农村中小型水厂单独设立水质化验室成本高、缺少专业技术人员的问题，降低水质检测费用，扩大覆盖面，增强农村供水水质自检和行业监管能力。有条件的地区，可统筹考虑城乡供水水质检测工作。在加强农村饮水安全工程水质自检的同时，卫生计生部门要按照职责，继续加强对饮用水的卫生监督监测工作，保障饮用水卫生安全。

二、基本原则

科学规划，省级统筹。水质检测中心建设由地方政府负总责，以省为单位统筹规划布局实施。中央按省分期下达水质检测中心工程建设任务和定额补助投资，各水质检测中心的具体建设方式、建设内容、建设时序、政府投资补助额度等由省级有关部门商地方政府按照合理布局、分期实施、注重实效的原则统筹协调确定，成熟一个，建设一个，见效一个。

因地制宜，整合资源。根据各地水源水质特征、水质检测力量、已建和拟建农村供水工程水质状况、存在问题等，合理确定水质检测中心的建设内容、标准，以及管理模式和运行机制。要充分利用和统筹优化配置现有水质检测机构、监测机构、供水管理机构设备设施以及相关资源，依托规模较大水厂或利用卫生计生、水利、环保、城市供水等部门的现有水质检测、监测机构合作共建，资源共享、业务协同，确保高效利用和长期持续发挥效益，原则上不单独新建农村饮水安全工程水质检测中心。积极探索通过委托、承包、采购等方式，由政府向社会力量购买水质检测公共服务。

完善机制，长效运行。水质检测中心建设前，应先行落实机构、专业技术人员和运行管理费用来源，明确各项检测任务和工作要求，完善管理制度，实行先建机制、后建工程。根据原水水质、净水工艺、供水规模等合理确定各级水质检测中心的水质检验项目和频率，抓住关键性项目，对非常规指标中常见的或经常被检出的有害物质，可调整作为常规检测项目。建立健全水质检测数据质量管理控制体系和检测能力验证制度，严格标准，规范操作，保证检测结果真实、准确、可靠。有关政府部门要加强对供水单位生产活动的监管，督促其落实水质安全责任，做好供水水质净化、消毒和检测工作，优化水处理工艺，保证出厂水水质稳定达标。

强化预防，源头治理。在加强水质检测能力建设的同时，全面加强源头预防和治理，做到“防患于未然”。强化水源保护意识，针对集中式和分散式饮用水水源地的不同特点，依法划定水源保护区或水源保护范围，设置保护标志，明确保护措施，加强污染防治，严格控制新污染源产生，稳步改善水源地水质状况。

示范引领，梯次推进。继续发挥“全国农村饮水安全工程示范县”的作用，优先安排具有一定基础、已初步建立水质检测中心地区的项目，加大投入和技术指导支持力度。及时总结各地工程建设和运行管理的经验教训，加大示范推广力度，不断改进和提高工作水平。

三、主要建设内容和标准

借鉴目前一些地方和城市供水水质检测能力建设的经验，探索以省为单位统筹优化省内各地区、各行业水质检测资源配置，以规模较大水厂水质化验室建设、与现有水质检测监测机构合作共建和政府购买服务等方式，建立完善农村饮水安全工程水质检测网络和信息共享平台，避免重复建设，提高运行效率，形成网络合力，满足水厂运行的水质控制和管理要求。

（一）按照《村镇供水工程技术规范》要求，在规模较大的农村供水工程设置水质化验室，配备相应的检验人员和仪器设备，具备日常指标检测能力；规模较小的供水工程可配备自动检测设备或简易检验设备，也可委托具有生活饮用水化验资质的单位进行检测。

（二）通过规模较大水厂水质化验室建设以及提升现有相关机构水质检测技术装备水平和检测能力，原则上每个设区市具备《生活饮用水卫生标准》（GB 5749—2006）中要求的 42 项常规指标以及本地区存在风险的非常规指标的检测能力，每个县具备《生活饮用水卫生标准》（GB 5749—2006）中要求的满足日常需求的检测能力，满足本区域内农村饮水安全工程日常运行及水质周、月度和季度检测需求。水源水质、处理工艺等有特殊检测要求的水厂和地区，可根据实际需要和条件相应提高水质检测能力。

（三）水质检测中心应达到以下标准：有相应的工作场所和办公设备，包括办公室、档案室、设备设施及药品储存库等；有符合标准的水质化验室，配备相应的水质检测仪器设备，县级水质检测中心可根据需要配备水质采样和巡检车辆；有中专以上学历并掌握水环境分析、化学检验等相应专业基础知识与实际操作技能，经培训取得岗位证书的水质检验人员；有明确的机构设置、检测任务和运行管理经费来源，有完善、规范的管理制度。

四、有关工作安排

为加强技术指导和项目实施总体设计，各省（区、市）发展改革、水利、卫生计生、环保部门要在具体项目建设前组织编制省级总体建设方案并送水利部牵头组织进行技术复核。根据技术复核反馈的意见，各地在对省级总体建设方案进行修改完善后，按程序批复完成项目前期工作和报送项目资金申请报告。

2014 年，国家将选择部分省（区、市）启动开展第一批农村饮水安全工程水质检测能力建设，请具有一定工作基础、有先行先试意愿的省（区、市）先行开展省级总体建设方案编制工作并于 2013 年 12 月底送水利部牵头组织进行技术复核。根据复核情况，从中选择部分在项目建设和运行管理方式上特点突出、代表性强的省（区、市）于 2014 年安排启动相关项目建设，积累经验和具备条件后争取 2015 年全面推开。

五、建设资金和运行管理经费筹措

农村饮水安全水质检测中心项目建设投入由中央和地方共同承担，中央预算内投资主要用于购置仪器设备和水质检测车辆，各项目的具体投资补助额度由省级发展改革和水利部门统筹确定，不足部分资金由项目所在地政府安排解决，并由省级发展改革、水利部门负责协调落实。对工作场所建设，要按照中共中央办公厅、国务院办公厅《关于党政机关停止新建楼堂馆所和清理办公用房的通知》有关要求，严格规范办公用房管理。

水质检测中心运行和检测费用根据机构性质、任务来源等情况，主要通过相关工程供水水费收入和社会服务收费等解决，不足部分由本级财政通过现有资金渠道给予必要支持，并由项目所在地政府负责统筹落实；不能足额落实水质检测中心年运行管理经费的，不得审批建设。各地要按照《全国农村饮水安全工程“十二五”规划》和已签订农村饮水安全工程建设管理责任书的有关要求，“建立县级财政补贴制度，落实水质检测室（中心）运行经费”。

根据以上主要目标和原则，我们请水利部农村饮水安全中心细化制定了《农村饮水安全工程水质检测中心建设导则》，现一并印发给你们，供在工作中参考。实施中的重大情况和问题，请及时反馈。

附件：农村饮水安全工程水质检测中心建设导则

2013 年 11 月 13 日

附件：

农村饮水安全工程水质检测中心建设导则

1　总　则

1.0.1　根据《全国农村饮水安全工程“十二五”规划》要求，为加强和规范农村饮水安全工程水质检测中心（站、室，以下统称“水质检测中心”）建设，制定本导则。

1.0.2　本导则适用于水质检测中心的建设。

1.0.3　水质检测中心的主要任务是，对本区域内规模较大集中式供水工程开展水源水、出厂水、管网末梢水水质自检，对区域内设计供水规模 $20m^3/d$ 以下的集中式供水工程和分散式供水工程进行水质巡检，为供水单位和农村饮水安全专管机构提供技术支撑，保障供水水质安全。

1.0.4　本导则的引用标准主要有：

《生活饮用水卫生标准》（GB 5749—2006）

《生活饮用水标准检验方法》（GB/T 5750—2006）

《地表水环境质量标准》（GB 3838—2002）

《地下水质量标准》（GB/T 14848—93）

《水利质量检测机构计量认证评审准则》（SL 309—2007）

1.0.5　水质检测中心的建设，除考虑本导则要求外，还应符合国家现行有关法规、标准的规定。

2　水质检测机构布设

2.0.1　各地水质检测中心建设以省为单位统筹规划布局实施，具体建设方式和地域单元根据各区域农村供水工程和现有相关水质检测能力分布、拟建水质检测中心检测任务和服务范围等合理确定。

2.0.2　水质检测中心可依托规模较大水厂化验室组建，由农村饮水安全工程专管机构指导和管理；也可依托卫生计生、水利、环保、城市供水等部门的现有水质检测、监测机构合作共建，接受各有关部门的业务指导和管理，为农村饮水安全工程专管机构等提供技术服务。

3　水质检测要求

3.1　检测指标和频次

3.1.1　各水质检测中心的水质检验项目和频率根据原水水质、净水工艺、供水规模等合理确定。在选择检测指标时，应根据当地实际，重点关注对饮用者健康可能造成不良影响、在饮水中有一定浓度且有可能常检出的污染物质。必要时，可在进行《生活饮用水卫生标准》（GB 5749—2006）106项指标全分析的基础上，合理筛选确定水质检测指标。

3.1.2　设计供水规模20m³/d及以上的集中式供水工程定期水质检测：

（1）出厂水和管网末梢水水质检测指标一般应包括《生活饮用水卫生标准》（GB 5749—2006）中的42项水质常规指标，并根据下列情况增减指标：

① 微生物指标中一般检测总大肠菌群和细菌总数两项指标，当检出总大肠菌群时，需进一步检测耐热大肠菌群或大肠埃希氏菌。

② 常规指标中当地确实不存在的指标可不检测，如：没有臭氧消毒的工程，可不检测甲醛、溴酸盐和臭氧三项指标；没有氯胺消毒的工程，可不检测总氯等。

③ 非常规指标中在本县已存在超标的指标和确实存在超标风险的指标，应纳入检测能力建设范围之内。如地表水源存在生活污染风险时，应增加氨氮指标的检测，以船舶行驶的江河为水源时应增加石油类指标的检测。

④ 部分不具备条件的县，至少应检测微生物指标（菌落总数、总大肠菌群）、消毒剂余量指标（余氯、二氧化氯等）、感官指标（浑浊度、色度、臭和味、肉眼可见物等）、一般化学指标（pH、铁、锰、氯化物、硫酸盐、溶解性总固体、总硬度、耗氧量、氨氮）和毒理学指标（氟化物、砷和硝酸盐）等。

（2）水源水水质检测按照《地表水环境质量标准》（GB 3838—2002）、《地下水质量标准》（GB/T 14848—93）的有关规定执行。

（3）水质检测频次应符合表3.1.2的要求：

表3.1.2　集中式供水工程的定期水质检测指标和频次

工程类型	水源水，主要检测污染指标	出厂水，主要检测确定的常规检测指标+重点非常规指标	管网末梢水，主要检测感官指标、消毒剂余量和微生物指标
日供水大于等于1000m³以上的集中供水工程	地表水每年至少在丰、枯水期各检测1次，地下水每年不少于1次	常规指标每个季度不少于1次	每年至少在丰、枯水期各检测1次
1000～200m³/d集中供水工程	地表水每年至少在水质不利情况下（丰水期或枯水期）检测1次，地下水每年不少于1次	每年至少在丰、枯水期各检测1次	每年至少在丰、枯水期各检监测1次
20～200m³/d集中供水工程		每年至少在丰、枯水期各检测1次；工程数量较多时每年分类抽检不少于50%的工程	每年至少在水质不利情况下（丰水期或枯水期）检测1次

常规检测指标：根据3.1.2确定的水质指标

污染指标是指：氨氮、硝酸盐、COD_{Mn}等

感官指标：浑浊度、色度、臭和味、肉眼可见物

消毒剂余量：余氯、二氧化氯等

微生物指标：菌落总数、总大肠菌群

3.1.3 设计供水规模20m³/d及以上的集中式供水工程日常现场水质检测：

（1）出厂水主要检测：浑浊度、色度、pH、消毒剂余量、特殊水处理指标（如铁、锰、氨氮、氟化物等）等。

（2）末梢水主要检测：浑浊度、色度、消毒剂余量等。

（3）每个月应对区域内20%以上的集中式供水工程进行现场水质巡测。

3.1.4 设计供水规模20m³/d以下供水工程和分散式供水工程的水质抽检应根据水源类型、水质及水处理情况进行分类，各类工程选择不少于2个有代表性的工程，每年进行1次主要常规指标和部分非常规指标分析，以确定本地区需要检测的常规指标和重点非常规指标，并加强区域内分散式供水工程供水水质状况巡检。

3.1.5 当检验结果超出水质指标限值时，应立即复测，增加检验频率。水质检验结果连续超标时，应查明原因，及时采取措施解决，必要时应启动供水应急预案。

3.1.6 当发生影响水质的突发事件时，应对受影响的供水单位适当增加检测频率。

3.1.7 在建立水质检测制度时，水质检测中心应详细掌握区域内每个供水规模在20m³/d及以上集中供水工程的供水规模、水源类型、水处理及消毒工艺、水厂的检测能力。巡查时应详细了解水源保护情况、水处理及消毒设施的运行情况、水厂的日常水质检测情况。对检测发现的水质问题，应及时通知供水单位并监督其及时整改。水质检测中心同时负责对小型供水单位水质检测人员培训及检测仪器操作维护的指导。

3.2 检测方法

3.2.1 水样的采集、保存、运输和检测方法按照《生活饮用水标准检验方法》（GB/T 5750—2006）确定。

4 建设标准

4.1 工作场所建设

4.1.1 水质检测中心应选择在无震动、灰尘、烟雾、噪音和电磁等干扰的地方进行建设。

4.1.2 水质检测中心应区分化验室和办公区，化验室一般包括天平室、药剂室、理化室、微生物室、分析仪器室、放射室（若不检测总α、总β放射性，可不设放射室）、水样储存间等，办公区一般包括办公室、资料室、更衣室、会议室、车库等。

4.1.3 化验室宜相对独立，各类化验室宜设独立房间，空间应满足仪器设备安装和操作等需要（天平室不宜小于8平方米，药剂室不宜小于10平方米，理化室不宜小于30

平方米，微生物室不宜小于20平方米，大型分析仪器室面积根据仪器种类和数量确定，不宜小于20平方米，放射室不宜小于20平方米）。

4.1.4 化验室应采用耐火或不易燃材料建造，隔断、顶棚和门窗应考虑防火性能，地面应耐酸碱及溶剂腐蚀、防滑、防水。

4.1.5 化验室应确保用电安全，应有防雷接地系统，电线应尽量避免外露，电源接口应靠近仪器设备，精密检测仪器设备应配备不间断电源。

4.1.6 化验室应确保用气安全，大型分析仪器的压缩气体钢瓶应放在阴凉的地方储存与使用，不能靠近火源，必须固定；应根据设备运行需要设排气设施，废气排放口宜设在房顶。

4.1.7 化验室温度夏季不宜超过30℃、冬季不宜低于15℃，湿度不宜超过70%。有条件时应尽可能恒温恒湿，寒冷地区应有采暖设施，潮湿地区应安装空调（水样储存间除外）。

4.1.8 理化室应设上下水和洗涤设施。

4.1.9 化验室应根据需要配置设备台、操作台、器皿柜（架）等，设备台和操作台应防水、耐酸碱及溶剂腐蚀。

4.1.10 微生物室应设无菌操作台，配备紫外灭菌灯。

4.1.11 化验室应设置有害废液储存设施。

4.1.12 化验室应配置灭火器。

4.2 人员配备

4.2.1 水质检测中心建设前，应先行落实水质检测专业技术人员，水质检测技术人员全程参与水质检测中心设计和建设。

4.2.2 具备《生活饮用水卫生标准》（GB 5749—2006）中20项以上常规指标检测能力的水质检测中心通常应配备专门水质检测人员3人，具备42项常规指标检测能力的水质检测中心通常应配备专门水质检测人员6人，具体人数由各地根据检测任务等进一步合理确定。检测人员应有中专以上学历并掌握水环境分析、化学检验等相应专业基础知识与实际操作技能，经培训取得岗位证书。

4.2.3 检测人员应通过岗前操作考试后才能正式上岗，岗前操作考试应包括微生物指标、消毒剂余量、感官性状以及溶解性总固体、COD_{Mn}、氨氮、重金属等指标检测考试。

4.3 仪器设备配备

4.3.1 仪器设备的配备，应首先根据《生活饮用水卫生标准》（GB 5749—2006）和《生活饮用水标准检验方法》（GB/T 5750—2006）的规定，结合本地区的水源水质、水处理和消毒工艺，以及水质检测中心的建设和管理条件等情况合理确定。

4.3.2 仪器设备的配备，应具有一定的实验室化验能力和现场检测能力。

4.3.3 化验室的水质检测仪器设备和材料应包括：水样处理、试剂配置需要的仪器设备和分析仪器，药剂、试剂和标样等。具备《生活饮用水卫生标准》（GB 5749—2006）中42项常规指标检测能力的水质检测中心化验室仪器设备，具体配置见表4.3.3。

表4.3.3 化验室配备的仪器设备（参考）

化验室名称	主要仪器设备配备	备注
天平室	万分之一电子天平（配置标准试剂、重量分析等，1台套）	必配
理化室（试剂配置、水样处理和物理化学分析）	普通电子天平，超纯水机、蒸馏器、搅拌器、马弗炉、电热恒温水浴锅、电恒温干燥箱、离心机、真空泵、超声波清洗器等	必配
	玻璃仪器：量筒、漏斗、容量瓶、烧杯、锥形瓶、滴定管、碘量瓶、过滤器、吸管、微量注射器、洗瓶、试管、移液管、搅拌棒等	必配
	小型检测仪器：具塞比色管，酸度计，温度计，电导仪，散射浊度仪，以及余氯、二氧化氯和臭氧等指标的便携式测定仪	必配
药剂室	药剂、试剂和标样：根据检测项目、方法、分析仪器等确定	必配
微生物室	冰箱、高压蒸汽灭菌器、干热灭菌箱、培养箱、菌落计数器、显微镜、培养皿、超净工作台等（各1台）	必配
大型水质分析仪器室（可多个房间）	紫外可见光分光光度计或可见光分光光度计（用于氯、二氧化氯、臭氧、甲醛、挥发酚类、阴离子合成洗涤剂、氟化物、硝酸盐、硫酸盐、氰化物、铝、铁、锰、铜、锌、砷、硒、铬（六价）以及氨氮和石油类等指标检测，1台）	必配
	原子吸收分光光度计（用于镉、铅、铝、铁、锰、铜、锌等检测，1台套，含乙炔、氩气、冷却循环水系统、空压机、电脑等配件）	必配
	原子荧光光度计（用于汞、砷、硒、镉、铅等检测，1台套）	必配
	高锰酸盐滴定法COD测定仪，1台	宜配
	气相色谱仪（用于四氯化碳、三卤甲烷等指标检测，1台套）	氯消毒较多时必配，无氯消毒时可不配
	离子色谱仪（用于氯化物、硫酸盐、硝酸盐、氟化物、溴酸盐、氯酸盐、亚氯酸盐等检测，1台套）	必配
放射室	低本底总α、β测量系统（总α、总β放射性的检测，1台套）	一般不配

4.3.4 现场采样及水质检测车的配备应包括：车辆、采样容器、水样冷藏箱和便携式检测仪器箱等，基本要求见表4.3.4。

表4.3.4 现场采样及检测所需仪器设备（参考）

主要仪器设备	基本要求	用途
车辆	能平稳宽松地放置水样冷藏箱、便携式水质检测仪器箱	①采样 ②巡查监督时的现场检测 ③应急供水时的现场检测
采样容器	无色和棕色玻璃瓶、聚乙烯瓶、塑料桶等	
水样冷藏箱	2~3个，总有效容积不小于30L	
便携式水质检测仪器箱	浊度、色度、余氯、二氧化氯、臭氧、pH、电导率、温度以及微生物等指标的便携式检测仪及其检测试剂、移液器、量筒、烧杯等	
照相机	记录现场用	

4.3.5 仪器设备的质量要求：

（1）计量设备和分析仪器应有国家质量监督部门的认证许可。

（2）采购的计量设备和分析仪器应在当地质量监督部门确认并备案。

（3）供应商应负责仪器设备的安装调试，对检测人员进行培训，并通过标样测试。

4.3.6 仪器设备的采购，可由省级水利部门对主要仪器设备分批次、分品种进行统一招标，具体办法可参考本省（区、市）农村饮水安全工程主要材料设备集中招标采购办法，以保障设备仪器质量，便于检测人员培训、设备维修等售后服务工作。

5 水质检测管理制度和数据质量控制

5.0.1 人员管理

（1）根据设备、质量、环境、安全、信息等管理要求建立岗位责任制。

（2）检测人员应定期参加培训和考核，不断提高检测和管理水平。

5.0.2 设备管理

（1）应明确每个化验室及其设备的管理人。

（2）建立对计量设备和分析仪器进行定期检定/校准制度。

（3）仪器设备的购置、检定/校准、维护等应建档。

（4）仪器设备应实行标识管理。仪器设备的状态标识分为“合格”、“准用”和“停用”。每台仪器设备应制定相应的操作规程及维护保养流程图。

5.0.3 质量管理

（1）建立试剂配制、采样、各项检测指标检测的方法及其需要的仪器设备、药剂/试剂、操作步骤和注意事项等。

（2）明确试剂配制、采样、各项检测指标检测的质量负责人。

（3）质量控制措施应包括空白试验、平行样分析、加标分析、比对分析、标准曲线核查、留样复测、质量控制考核等。

（4）做好采样和检测过程记录。

（5）明确检测报告质量审核人，经审核人逐项指标审核后才能盖章生效。

5.0.4　环境及安全管理

（1）检测区域应在显著位置张贴警示标识。

（2）化验室应保持清洁和良好的照明条件。

（3）每个化验室应有温度、湿度监测及记录。

（4）微生物室每天应用紫外线消毒后才能使用。

（5）排风设施检查完好后才能进行相关实验。

（6）建立化验室的用电、用气、废液处理、消防等安全制度。

5.0.5　信息管理

（1）对仪器设备、原始记录、检测报告等信息应进行归档管理。

（2）化验室档案资料未经许可，不得随意删改和撤档。查阅、复印档案资料，必须履行登记手续。

（3）原始记录和检测报告应至少保存5年。

（4）建立农村饮水安全工程水质检测信息共享平台，按规定范围报送水质检测成果。未经批准，不得擅自对外发布水质检测信息和扩大送达范围。

5.0.6　检测报告编写要求

农村饮水安全水质检测中心应当对水样检测结果出具完整、符合规范的检测报告，检测结果应当准确、清晰、明确、客观。报告应包括以下信息：

A. 标题名称；

B. 实验室名称，地址或检测地点；

C. 报告唯一识别号，每页序数，总页数；

D. 需要时，委托人姓名，地址；

E. 样品特性和有关情况；

F. 样品接收日期，完成检测的日期和报告日期；

G. 检测方法描述；

H. 如果报告中包含委托方所进行的检测结果，则应明确地标明；

I. 对报告内容负责的人的签字和签发日期；

J. 在适用时，结果仅对被检测的样品有效的声明；

K. 未经实验室书面批准，不得部分复制报告（全复制除外）的声明。

5.0.7　能力认证

农村饮水安全水质检测中心应按规定参加水质检验能力验证和资质认定工作，逐步取得相关计量认证资质，保障水质检测质量和检测数据的公信力。

6　管理模式和运行机制

6.1　管理体制

农村饮水安全水质检测中心管理体制应按以下要求设置：

（1）依托规模较大农村供水水厂或供水管理机构建设的水质检测中心，由农村饮水安全工程专管机构负责指导和管理，同时接受其他部门的业务指导；

（2）依托卫生、水利、环保、城市供水等部门水质监测机构合作共建的水质检测中心，由其行政主管部门负责管理，同时接受其他部门的业务指导，为农村饮水安全专管机构提供技术服务；

（3）依托城乡供水一体化大型供水企业组建的水质检测中心，由相应的供水企业负责运行管理，接受相关市、县水行政主管等相关部门指导和管理，为其供水覆盖的区域提供水质检测技术服务。

6.2 运行机制

水质检测中心的运行管理经费来源主要由水费收入和社会服务收费等解决，不足部分应由本级财政通过现有资金渠道给予必要支持。

6.3 经费测算

水质检测中心的年运行费用主要包括人员费、巡查及现场采样的交通费、检测药剂和试剂费、仪器设备及交通车的维护费、办公费（包括水、电、暖、纸张等管理费用）和不可预见费（包括应急供水的检测费用、小型水厂的义务检测服务费用）等，可按以下方法测算：

（1）人员费用可按当地助理工程师或工程师（考虑发展和人员稳定）的标准估算。

（2）交通费可根据当地的集中水厂数量及分布、巡查及现场采样频率等估算。

（3）检测药剂和试剂费可根据年检测指标和频次等估算。

（4）仪器设备年运行维护费按相关规定估算。

7 水质检测结果报送

7.0.1 农村饮水安全水质检测中心的水质检测结果应作为农村饮水安全工程的水质自检数据定期报送当地水利、卫生计生、环保、发展改革等有关行政主管部门。必要时，有关数据可经批准后向社会公布。

7.0.2 对各水厂的水质检测报告原则上应主送水厂负责人，分析汇总的区域总报告主送区域农村供水专管机构负责人。

关于尽快完成农村饮水安全工程县级水质检测中心建设前期工作的通知

（省水利厅、省发展改革委　皖水农函〔2015〕282 号）

各市、县（市、区）水利（水务）局、发展改革委：

按照国家发改委、水利部、国家卫计委、环保部《关于加强农村饮水安全工程水质检测能力建设的指导意见》（发改农经〔2013〕2259 号）等要求，省发改委、水利厅已联合向国家发改委、水利部报送了全省农村饮水安全工程水质检测能力建设中央投资建议计划。经了解，全国农村饮水安全工程县级水质检测中心中央投资计划将于近期下达。为加快县级水质检测中心相关前期工作，确保县级水质检测中心建设任务与 2015 年农饮工程建设同步完成，现通知如下：

（一）对于县级人民政府文件明确采取依托已有检测机构合“共建、依托规模水厂、水利部门单独建立等建设方式的县（区），由县级水利部门牵头抓紧组织编制《农村饮水安全工程县级水质检测中心实施方案》（以下简称《实施方案》），报市级发展改革部门商同级水利部门审批。

（二）《实施方案》编制应达到初步设计深度，能够满足项目招投标、建设实施及竣工验收的要求。方案中应合理确定检测指标，确保符合建设要求；优先利用现有仪器设备及场地，确实达不到要求的，应明确购置仪器设备型号，合理建设化验室及办公场所；落实专业技术人员配备。方案还应附具设计图纸及工程概算等。

（三）根据国家有关部委时间要求，结合我省前期开展情况，县级水利部门抓紧完成实施方案编制工作，市级发展改革部门在 3 月底前完成审批工作。市级及时将《实施方案》及批复文件报送省发改委、省水利厅备案，电子版发送至 ahncys@ 163. com。

（四）对于县级人民政府文件明确采取购买社会服务方式解决农饮工程水质检测问题的县（市、区），县级水利部门应尽快制订购买方案，落实购买经费和服务主体，制定检测制度，并在 10 月底前正常开展水质检测工作。

附件：农村饮水安全工程县级水质检测中心实施方案编写参考提纲

2015 年 3 月 9 日

附件：

农村饮水安全工程县级水质检测中心实施方案编写参考提纲

1 自然地理和社会经济概况

简要介绍当地自然概况、人口、社会经济发展状况等。

2 农村供水现状情况

2.1 农村供水工程基本情况

（1）集中式供水工程情况

建设年度、工程处数、供水人口、供水规模、工程类型、水源类型、水处理设施等，重点说明规模水厂建设情况，填写附表1。

（2）分散式供水工程情况

建设年度、工程处数、工程类型、供水人口、供水规模、水源类型等。

2.2 农村饮用水源保护现状及水质状况

（1）主要水源情况

（2）水源可能存在的污染及水质超标的指标

（3）当地特殊的水质检测要求及放射性指标超标的情况

因地表水源存在生活污染风险以及航行船只油类污染和装载货物对水源存在污染威胁，增加石油类和氨氮指标的检测；放射性指标如未有污染源，可不考虑。

2.3 采用的主要水处理工艺、消毒方法和供水水质

阐述不同水源主要水处理工艺、全县各水厂的消毒方法和各类供水工程出厂水质及主要超标项目等。

3 全县饮用水水质检测能力现状

3.1 县级水质检测机构情况及建设情况

主要简述包括水质检测机构、机构隶属关系（卫生、水利、城建部门等）、人员编制、

实验室建设和仪器设备配置，检测能力以及经费渠道等，填写附表2。

3.2 农村饮水安全工程水质检测开展情况

主要简述包括水质检测机构、检测方法、检测项目、检测频次、检测经费与渠道，以及存在的主要问题等，填写附表3。

3.3 水厂化验室建设情况

主要简述包括水厂名称、规模、隶属关系（水利、城建部门等）、人员编制、化验室建设和仪器设备配置，检测能力以及经费渠道等。

3.4 现有检测能力的可利用情况

通过现有水质检测能力的分析，对本区域水质检测中心建设过程中充分利用现有水质检测能力，避免重复投资和建设。

4 水质检测中心建设的必要性

结合当地实际情况，论述建设水质检测中心的必要性。

5 水质检测中心建设方案

水质检测中心实验室建设原则，一要确保实验设施、实验环境、仪器设备以及检测人员满足工作要求；二要尽量满足《实验室资质认定评审准则》（计量认证），为今后获取计量认证资质奠定基础。

按建设形式，我省县级水质检测中心建设有依托已有检测机构合作共建、依托规模水厂、水利部门单独建立等三类，各县（市、区）应按照县级人民政府文件明确的建设方式，确定水质检测指标，统筹配备检测仪器设备，合理建设实验室及办公场所，落实专业技术人员，填写水质检测中心综合情况汇总表（附表7）。

5.1 水质检测指标

明确本县农村供水工程需要检测具体水质指标，可参照下列要求，结合本县实际确定。

（1）以地下水为水源的供水工程，县级检测指标在《生活饮用水卫生标准》（GB 5749—2006）规定的42项常规指标中，筛除总α放射性、总β放射性2项放射性指标，筛除甲醛、溴酸盐和臭氧3项与消毒有关的指标（个别地区如有，应增加），实际检测指标共计37项。

（2）以地表水为水源的供水工程，县级检测指标在《生活饮用水卫生标准》（GB 5749—2006）规定的42项常规指标中，筛除总α放射性、总β放射性2项放射性指标，筛除甲醛、溴酸盐和臭氧3项与消毒有关的指标，同时增加非常规检测指标氨氮，以及《地表水环境质量标准》（GB 3838—2002）总磷、总氮、高锰酸盐指数、五日生化需氧量等5项指标，实际检测指标共计42项。以船舶行驶的江河为水源时应增加石油类指标的检测。

（3）个别地区既有地下水为水源的供水工程，又有地表水为水源的供水工程，应统筹兼顾，确定检测指标。

5.2 检测仪器设备配置

根据水质检测中心的建设目的，确定仪器设备配置，并掌握以下原则：仪器设备技术成熟、检测结果稳定；设备尽可能通用，节约场地，便于操作人员一机多用；所选设备应当价格合理，优先选用国产成熟产品。

（1）实验室检测仪器设备

参照《农村饮水安全工程水质检测中心建设导则》，列出主要检测仪器设备和辅助检测仪器设备配置清单，填写附表4和附表5。

（2）水质检测车和便携式水质检测设备

参照《农村饮水安全工程水质检测中心建设导则》，列出相应设备清单，填写附表6。

5.3 实验室场所和办公设施建设

参照《农村饮水安全工程水质检测中心建设导则》，在充分利用现有条件的基础上，进行实验室总体布局，建筑面积可参考下列原则和控制指标，结合实际，合理确定建筑面积。

（1）实验室宜相对独立，各类实验室宜设独立房间，空间应满足仪器设备安装和操作等需要（天平室不宜小于8平方米；药剂室不宜小于10平方米；理化室不宜小于30平方米；微生物室不宜小于20平方米；大型分析仪器室面积根据仪器种类和数量确定，不宜小于20平方米；放射室不宜小于20平方米）。合计108平方米。

（2）有条件的可适合增加实验室面积。

（3）办公室面积根据具体条件确定。

5.4 机构设置和检测专业人员配备

（1）机构组建方式

说明本县农村饮水安全工程水质检测中心的组建方式，并分析该种建设方式的有利条件。

如是依托建设，则需说明依托部门已有水质检测条件，主要包括具体的检测指标、仪器设备台数和型号、实验室面积、现有人员情况及需要补充更新的设备等情况。

（2）人员配备

说明拟配备人员的来源、编制、数量和学历及专业要求。

5.5 建设进度安排

农村饮水安全工程县级水质检测中心建设，计划在2015年底前全部建成。其中，3月份完成县级水质检测中心实施方案编制及审批；4月份完成项目招投标工作；5月份至8

月份采购仪器设备、实施场地建设；9月安装调试仪器设备、人员上岗培训；10月份基本建成，确保2015年底投入运行。

县级应根据上述要求，合理划分文本编制、审查审批、招投标、开工建设、竣工验收等时间控制节点。

6 检测任务、运营成本和资金渠道

6.1 检测任务分析

水质检测中心的主要检测任务包括：集中供水工程的日常现场检测和常规水质指标定期检测。可根据工程类型、检测指标和检测频次分别对水源水、出厂水和管网末梢水检测任务分析。

6.2 年运营成本测算

水质检测中心的年运行费用主要包括：人员费、巡查及现场采样的交通费、检测药剂和试剂费、仪器设备及交通车的维护费、办公费（包括水、电、暖、纸张等管理费用）和不可预见费（包括应急供水的检测费用，小型水厂的义务检测服务费用）等，可根据以下要求确定：

（1）人员费用可按当地助理工程师或工程师（考虑发展和人员稳定）的标准估算；

（2）交通费可根据当地的集中水厂数量及分布、巡查及现场采样频率等估算；

（3）检测药剂和试剂费可根据年检测指标和频次等估算；

（4）仪器设备年运行维护费按相关规定估算。

6.3 资金渠道

要具体明确落实运行经费来源。

7 管理体制与运行机制

7.1 管理机制

7.2 运行机制

8 建设经费概算及资金筹措

8.1 编制依据

8.2 建设经费概算

（1）水质检测中心建设费用主要包括：①实验室、办公场所建筑工程费用；②实验室仪器设备购置及安装费用、现场采样及检测仪器设备购置费用、办公设施购置费等。

（2）参考《安徽省农村饮水安全工程初步设计编制指南》第12章（设计概算及资金筹措）、有关行业的规定和定额，结合实际情况具体编制概算。

（3）概算表：概算总表、建筑工程概算表、仪器设备及安装工程概算表、主要材料预算价格汇总表、主要仪器设备预算价格汇总表等。

8.3 资金筹措

9 运行保障措施

主要从机构、财务、人才、制度、水源保护等方面进行论述。

10 附件

附表：1. 县级农村集中式供水工程基本情况表（略）
2. 县级饮用水水质检测能力基本情况表（略）
3. 县级农村饮水安全工程水质检测开展情况表（略）
4. 县级水质检测中心主要仪器设备配备表（略）
5. 县级水质检测中心辅助仪器设备配备表（略）
6. 县级水质检测中心现场采样及检测所需仪器设备表（略）
7. 县级水质检测中心综合情况汇总表（略）

附图：1. 县级水质检测中心总布置图（略）
2. 实验室平面布置及主要仪器设备布置图（略）
3. 主要建筑物设计图（略）
4. 供电系统和主要变、配电布置图（略）

关于印发《安徽省农村饮水安全工程县级水质检测能力建设主要仪器设备技术参数及配置指导意见》的通知

（省水利厅　皖水农函〔2015〕692 号）

各市水利（水务）局，广德县、宿松县水利（水务）局：

农村饮水安全工程县级水质检测能力建设是今年农村饮水安全重点工作之一。根据水利部有关要求，我省明确由市级水行政主管部门负责所辖县区水质检测能力建设仪器设备和检测车辆统一招标采购工作。

为指导各地水质检测能力建设主要仪器设备采购，确保按时完成全省水质检测能力建设任务，我厅组织编制了《安徽省农村饮水安全工程县级水质检测能力建设主要仪器设备技术参数及配置指导意见》，现印发给你们，请参照执行。

附件：安徽省农村饮水安全工程县级水质检测能力建设主要仪器设备技术参数及配置指导意见

2015 年 6 月 15 日

附件：

安徽省农村饮水安全工程县级水质检测能力建设主要仪器设备技术参数及配置指导意见

一、双光束紫外可见光分光光度计　1台

（一）技术参数及要求

1. 波长范围：190～900nm。

*2. 测光系统：双光束光学系统。

3. 光谱带宽：0.5～5.0nm，连续可调光谱宽带。

4. 波长准确度：±0.3nm（开机自动校准）。

5. 波长重复性：0.1nm。

*6. 杂散光：≤0.010%T（220nm，NaI，340nm，$NaNO_2$）。

7. 光度范围：-4.0～4.0Abs。

8. 光度准确度：±0.002Abs（0～0.5Abs），
±0.004Abs（0.5～1.0Abs），
±0.3%T（0～100%T）。

9. 光度重复性：0.001Abs（0～0.5Abs），0.002Abs（0.5～1.0Abs）。

10. 基线平直度：±0.001Abs。

*11. 基线漂移：≤0.0004Abs/h（500nm，0Abs 预热后）。

12. 噪声：±0.0004Abs。

13. 自带紫外应用分析工作站软件，可做光度测量、光谱扫描、定量计算和时间扫描等。

14. 检测器：光电倍增管。

15. 配置要求：可调样品池架（使用10mm、20mm、30mm、50mm 比色池）、石英标准比色皿（10mm、20mm）、玻璃标准比色皿（10mm、20mm、30mm、50mm）各2套。

16. 商用台式机：Intel Core i5 或以上处理器，内存容量4G 以上，硬盘容量500GB，16X DVD 光驱，21 英寸液晶显示器，正版操作系统，1台。与仪器相匹配，安装和调试好操作系统和相关仪器专用软件

17. 激光打印机：黑白打印速度：23ppm；最大打印幅面：A4；最高分辨率：1200×1200dpi；接口：USB 接口，1台。

（二）资质条件及要求

1. 具有独立民事责任的法人资格，取得合法企业工商营业执照，具有相关经营范围；

2. 具有产品计量器具型式批准证书、产品制造计量器具许可证和计量器具型式评价

报告（由具有资质的第三方技术单位提供）；

3. 若不是采购产品的生产制造商，必须有生产制造商授权或代理证明；

4. 关键参数必须在厂家所提供的彩页或计量部门出具的型式评价报告上反映。

（三）售后服务及要求

1. 现场安装：厂家工程技术人员在用户提出安装要求后，在一周时间内到达现场进行设备安装，所需工具器材、交通食宿厂家自理。

2. 检验调试：厂家工程技术人员现场安装的同时，对设备、软件进行检验调试，使设备各项技术指标达到要求。

3. 技术培训：厂家工程技术人员在设备安装调试验收合格后，向买方 3 人以上操作人员提供免费现场培训，直至用户能够独立操作，免费提供仪器使用手册、培训教材、应用文章等。

4. 生产制造商应向买方提供 2 年的保修服务，保修期间服务费用及材料费全免，仪器出现重大产品质量问题，整机免费更换。

5. 买方提出有关维修的问题，生产制造商应做到 24 小时内响应，48 小时内派人现场排除故障。

6. 如果厂家有同系列仪器软件升级，买方享有免费升级的权利。

7. 厂家工程技术人员在仪器设备使用一段时间后，向买方 3 人以上操作人员提供第二次免费现场培训（或买方 2 ~ 3 个操作人员到厂家实验室进行现场培训），解决操作中出现的实际问题。

二、火焰-石墨炉原子吸收分光光度计　1 台

（一）技术参数及要求

1. 主机

（1）6 只或 6 只以上的灯架，自动选择各元素空心阴极灯的位置；

（2）光谱带宽：0. 1、0. 2、0. 4、1. 0、2. 0nm 五档自动切换；

★（3）波长准确度：优于±0. 15nm；

（4）波长重复性：0. 05nm；

★（5）基线漂移：0. 002A/30min。

2. 火焰分析

★（1）至少集成 1 种化学火焰：空气-乙炔法；

★（2）特征浓度 Cu≤0. 02μg/ml/1%（空气-乙炔法）；

（3）检出限：Cu≤0. 004μg/ml（空气-乙炔法）；

（4）精密度：Cu≤0. 6%（空气-乙炔法）；

（5）火焰监视器可随时监测火焰变化，意外熄火时，仪器会自动关闭乙炔流量并提示报警；乙炔漏气保护装置；压力异常保护装置。

3. 石墨炉分析

★（1）检出限（Cd）：≤4×10^{-13}g；

（2）精密度：RSD≤2%；

（3）温度范围：室温～3000℃；

（4）升温速率：3000℃/S；

（5）切换方式：石墨炉/火焰原子化器自动切换。

4. 背景校正

氘灯背景校正>55 倍@1Abs，自吸背景校正>60 倍@1Abs。

5. 自动进样器

（1）石墨炉自动进样器（≥50 位）；

（2）具有自动清洗、欠压保护、水平调节功能；

★（3）具有自动富集、自动配制标准溶液、自动添加基体改进剂（石墨炉法）。

6. 数据处理

（1）测量方式：火焰法、石墨炉法、火焰发射法、氢化物发生-原子吸收法（可加配氢化物发生器）；

（2）正版软件工作站，可免费升级。

7. 配置要求

（1）火焰+石墨炉自动切换型原子吸收分光光度计主机；

（2）石墨炉自动进样器，样品杯不少于 500 个，石墨管 50 个；

（3）元素灯：铜、锌、铅、铁、钾、钠、锰、镉、钡；

（4）乙炔、氩气装置（含气、瓶、阀）；

（5）空压机；

（6）冷却循环水机；

（7）废气排放装置；

（8）商用台式机：Intel Core i5 或以上处理器，内存容量 4G，硬盘容量 500GB，16X DVD 光驱，21 英寸液晶显示器，正版操作系统，1 台。与仪器相匹配，安装和调试好操作系统和相关仪器专用软件；

（9）激光打印机：黑白打印速度：23ppm；最大打印幅面：A4；最高分辨率：1200×1200dpi；接口：USB 接口，1 台。

（二）资质条件及要求

1. 具有独立民事责任的法人资格，取得合法企业工商营业执照，具有相关经营范围；

2. 具有产品计量器具型式批准证书、产品制造计量器具许可证和计量器具型式评价报告（由具有资质的第三方技术单位提供）；

3. 若不是采购产品的生产制造商，必须有生产制造商授权或代理证明；

4. 关键参数必须在厂家所提供的彩页或计量部门出具的型式评价报告上反映。

（三）售后服务及要求

1. 现场安装：厂家工程技术人员在用户提出安装要求后，在一周时间内到达现场进行设备安装，所需工具器材、交通食宿厂家自理。

2. 检验调试：厂家工程技术人员现场安装的同时，对设备、软件进行检验调试，使设备各项技术指标达到要求。

3. 技术培训：厂家工程技术人员在设备安装调试验收合格后，向买方 3 人以上操作人员提供免费现场培训，直至用户能够独立操作，免费提供仪器使用手册、培训教材、应用文章等。

4. 生产制造商应向买方提供2年的保修服务，保修期间服务费用及材料费全免，仪器出现重大产品质量问题，整机免费更换。

5. 买方提出有关维修的问题，生产制造商应做到24小时内响应，48小时内派人现场排除故障。

6. 如果厂家有同系列仪器软件升级，买方享有免费升级的权利。

7. 厂家工程技术人员在仪器设备使用一段时间后，向买方3人以上操作人员提供第二次免费现场培训（或买方2~3个操作人员到厂家实验室进行现场培训），解决操作中出现的实际问题。

三、原子荧光光度计　1台

（一）技术参数及要求

1. 技术指标

*（1）漂移：≤2.0%；

（2）噪声：≤2%；

（3）通道间干扰：±2%；

（4）检出限（DL）：≤0.01ng/mL（代表元素砷、锑、铋），汞的检出限≤0.001ng/mL；

（5）相对标准偏差（RSD）：≤1.0%（代表元素砷、锑、铋、汞）；

*（6）光学系统：双光束光学系统；

*（7）通道数：双通道；

（8）检测器：光电倍增管。

2. 配置要求

（1）原子荧光光度计主机1台；氩气装置（含气、瓶、阀）：1套；元素灯砷（As）、锑（Sb）、铋（Bi）、汞（Hg）、硒（Se）和铅（Pb）、镉（Cd）各1只；

（2）自动进样器1套，大于50位；

（3）品牌电脑：Intel Core i5或以上处理器，内存容量4G以上，硬盘容量500GB，16X DVD光驱，21英寸液晶显示器，正版操作系统，1台。与仪器相匹配，安装和调试好操作系统和相关仪器专用软件；

（4）激光打印机：黑白打印速度：23ppm；最大打印幅面：A4；最高分辨率：1200×1200dpi；接口：USB接口，1台。

（二）资质条件及要求

1. 具有独立民事责任的法人资格，取得合法企业工商营业执照，具有相关经营范围；

2. 具有产品计量器具型式批准证书、产品制造计量器具许可证和计量器具型式评价报告（由具有资质的第三方技术单位提供）；

3. 若不是采购产品的生产制造商，必须有生产制造商授权或代理证明；

4. 关键参数必须在厂家所提供的彩页或计量部门出具的型式评价报告上反映。

（三）售后服务及要求

1. 现场安装：厂家工程技术人员在用户提出安装要求后，在一周时间内到达现场进行设备安装，所需工具器材、交通食宿厂家自理。

2. 检验调试：厂家工程技术人员现场安装的同时，对设备、软件进行检验调试，使设备各项技术指标达到要求。

3. 技术培训：厂家工程技术人员在设备安装调试验收合格后，向买方 3 人以上操作人员提供免费现场培训，直至用户能够独立操作，免费提供仪器使用手册、培训教材、应用文章等。

4. 生产制造商应向买方提供 2 年的保修服务，保修期间服务费用及材料费全免，仪器出现重大产品质量问题，整机免费更换。

5. 买方提出有关维修的问题，生产制造商应做到 24 小时内响应，48 小时内派人现场排除故障。

6. 如果厂家有同系列仪器软件升级，买方享有免费升级的权利。

7. 厂家工程技术人员在仪器设备使用一段时间后，向买方 3 人以上操作人员提供第二次免费现场培训（或买方 2 ~ 3 个操作人员到厂家实验室进行现场培训），解决操作中出现的实际问题。

四、气相色谱仪　1 台

（一）技术参数及要求

1. 快速加热和冷却的柱温箱

（1）柱箱温度：室温以上 10℃ ~400℃；

（2）程序升温：8 阶以上；

（3）升温速率：高于 40℃/min；

（4）温度设定精度：≤0.1℃；

（5）控温精度：≤0.01℃；

★（6）冷却速度：从 300℃降至 50℃小于 7min；

（7）具有柱温箱温度的自动保护功能。

2. 进样单元

同时安装两个以上独立控温的毛细管柱进样单元。

（1）最高温度：400℃；

（2）进样单元种类：分流/不分流进样口；标准配备载气节省模式，有效节约载气消耗量；分流比设定范围：0 ~ 1000。

★3. 全电子气路控制系统（载气一路）

4. 检测器单元

可同时安装两个以上独立控温的检测器。

（1）电子捕获检测器（ECD）

① 最高使用温度：400℃；

★② 检测限：≤2×10^{-13}g/s（r-666）；

③ 动态范围：10^4。

（2）氢火焰离子化检测器（FID）

★① 检测限：M≤7×10^{-12}g/s 样品：C_{16}

② 最佳测试结果：M≤3×10^{-12}g/s 样品：C_{16}

③ 噪声：≤2×10^{-13}A

④ 漂移：≤4×10^{-13}A/30min

⑤ 线性范围：10^7

★5. 顶空全自动进样器（12 位以上）

（1）顶空瓶规格：≥20mL

（2）加热瓶工位：2 位以上

（3）进样结果 RSD≤2%（0.002mg/l 四氯化碳，N=5）

6. 原版操作软件工作站可免费升级

7. 配置要求

（1）气相色谱仪主机（含 ECD 检测器+FID 检测器+2 个毛细管进样口） 1 台；

（2）全自动顶空进样器（含顶空瓶 100 个） 1 台；

（3）毛细管色谱柱（DB-624、DB-5） 各 1 根；

（4）10ul 进样针 ≥5 个；

（5）石墨垫 20 个，衬管 10 个；

（6）气相色谱仪所需的氢气发生器（配净化管）、空气发生器（配净化管）、载气气体钢瓶及减压阀等。

（7）商用台式机：Intel Core i5 或以上处理器，内存容量 4G 以上，硬盘容量 500GB，16X DVD 光驱，21 英寸液晶显示器，正版操作系统，1 台。与仪器相匹配，安装和调试好操作系统和相关仪器专用软件。

（8）激光打印机：黑白打印速度：23ppm；最大打印幅面：A4；最高分辨率：1200×1200dpi；接口：USB 接口，1 台。

（二）资质条件及要求

1. 具有独立民事责任的法人资格，取得合法企业工商营业执照，具有相关经营范围。

2. 具有产品计量器具型式批准证书、产品制造计量器具许可证和计量器具型式评价报告（由具有资质的第三方技术单位提供）；生产厂商必须具备 ECD 检测器生产豁免权。

3. 若不是采购产品的生产制造商，必须有生产制造商授权或代理证明。

4. 关键参数必须在厂家所提供的彩页或计量部门出具的型式评价报告上反映。

（三）售后服务及要求

1. 现场安装：厂家工程技术人员在用户提出安装要求后，在一周时间内到达现场进行设备安装，所需工具器材、交通食宿厂家自理。

2. 检验调试：厂家工程技术人员现场安装的同时，对设备、软件进行检验调试，使设备各项技术指标达到要求。

3. 技术培训：厂家工程技术人员在设备安装调试验收合格后，向买方 3 人以上操作人员提供免费现场培训，直至用户能够独立操作，免费提供仪器使用手册、培训教材、应用文章等。

4. 生产制造商应向买方提供2年的保修服务，保修期间服务费用及材料费全免，仪器出现重大产品质量问题，整机免费更换。

5. 买方提出有关维修的问题，生产制造商应做到24小时内响应，48小时内派人现场排除故障。

6. 如果厂家有同系列仪器软件升级，买方享有免费升级的权利。

7. 厂家工程技术人员在仪器设备使用一段时间后，向买方3人以上操作人员提供第二次免费现场培训（或买方2~3个操作人员到厂家实验室进行现场培训），解决操作中出现的实际问题。

五、离子色谱仪　1台

（一）技术参数及要求

1. 主机

一体化整机，数字化控制，屏幕液晶显示，触摸按键操作，具有记忆功能。全屏显示电压、电导、电流、流量、量程、压力等工作参数。

2. 离子色谱泵（可选择进口品牌）

（1）泵耐压范围：≥35MPa

（2）流量范围：0.001mL/min~9.999mL/min

（3）流量精度（设定误差）：RSD≤0.1%

（4）流量重复性：RSD≤0.1%

★（5）压力显示精度：≤0.01MPa

（6）过压保护：超压自动报警并自行停泵自我保护

3. 电导检测器

★（1）池体积：≤1.0μl

（2）检测范围：0~15000us/cm

★（3）分辨率：≤0.0025ns

（4）基线噪声：≤0.6%FS

（5）基线漂移：≤2.0%FS

（6）分析重现性：≤1.0%（SO_4^{2-}计）；

（7）线性范围：≥10^3

（8）最小检出浓度：≤0.0005mg/L）（Cl^-计）

4. 流路系统

★（1）全流路采用进口耐压、耐酸碱、耐腐蚀的全PEEK材料，具有漏液自动报警装置；

（2）进口高压六通阀，具有扳阀后信号自动采集功能。

5. 色谱分析系统

（1）采用进口阴离子色谱柱，一次进样同时分析F^-、Cl^-、NO_2^-、PO_4^{3-}、Br^-、NO_3^-、SO_4^{2-}等阴离子，兼容有机溶剂，pH可在0~14范围内调节。

（2）在线过滤器。

（3）前处理柱。

★（4）内置色谱柱温箱，具有淋洗液预加热功能。

6. 抑制系统

★自动再生阴离子微膜抑制器，不用换酸，在线自动再生；微膜抑制器质保期不少于5年。

7. 在线脱气

可自动在线脱气，无需上机前对淋洗液离线脱气。

8. 色谱分析软件

原装正版工作站，后期可免费升级。

9. 自动进样系统1套

★（1）样品位数：≥100位（1.5ml标准样品瓶）。

（2）具有缺瓶报警、漏液报警开关门感应灯自动化智能化功能。

（3）重复性：RSD<0.5%，全定量环。

（4）注射器规格：标配：500ul；选配：250ul，1000ul，2500ul。

（5）定量环规格：标配：100ul；选配：20ul，50ul，200ul。

（6）进样针清洗：具有独立清洗内/外壁洗针位，不限次数内外针清洗并具有吹干功能，可在样本间或每一针之间选择是否清洗。

（7）交叉污染：<0.001%。

（8）自动进样器具备不更换定量环前提下，可自动实现进样量0～1000ul自动可调功能。

10. 计算机系统

（1）商用台式机：Intel Core i5或以上处理器，内存容量2G或以上，硬盘容量500GB，16X DVD光驱，21英寸液晶显示器，正版操作系统，1台。与仪器相匹配，安装和调试好操作系统和相关仪器专用软件。

（2）激光打印机：黑白打印速度：23ppm；最大打印幅面：A4；最高分辨率：1200×1200dpi；接口：USB接口，1台。

11. 配置要求

（1）离子色谱仪主机

① 高压输液泵　　1套

② 电导检测器　　1套

③ 色谱工作站　　1套

④ 控温系统　　1套

⑤ 脱气系统　　1套

（2）阴离子分析系统

① 包含阴离子分析柱　　1套

② 阴离子保护柱　　1套

③ 预柱系统　　1套

（3）阴离子抑制器　　1 套
（4）在线过滤器　　1 套
（5）自动进样系统　　1 套
（6）计算机系统
① 商用台式机　　1 台
② 激光打印机　　1 台

（二）资质条件及要求

1. 具有独立民事责任的法人资格，取得合法企业工商营业执照，具有相关经营范围；

2. 具有产品计量器具型式批准证书、产品制造计量器具许可证和计量器具型式评价报告（由具有资质的第三方技术单位提供）；

3. 若不是采购产品的生产制造商，必须有生产制造商授权或代理证明；

4. 关键参数必须在厂家所提供的彩页或计量部门出具的型式评价报告上反映。

（三）售后服务及要求

1. 现场安装：厂家工程技术人员在用户提出安装要求后，在一周时间内到达现场进行设备安装，所需工具器材，交通食宿厂家自理。

2. 检验调试：厂家工程技术人员现场安装的同时，对设备、软件进行检验调试，使设备各项技术指标达到要求。

3. 技术培训：厂家工程技术人员在设备安装调试验收合格后，向买方 3 人以上操作人员提供免费现场培训，直至用户能够独立操作，免费提供仪器使用手册、培训教材、应用文章等。

4. 生产制造商应向买方提供 2 年的保修服务，保修期间服务费用及材料费全免，仪器出现重大产品质量问题，整机免费更换。

5. 买方提出有关维修的问题，生产制造商应做到 24 小时内响应，48 小时内派人现场排除故障。

6. 如果厂家有同系列仪器软件升级，买方享有免费升级的权利。

7. 厂家工程技术人员在仪器设备使用一段时间后，向买方 3 人以上操作人员提供第二次免费现场培训（或买方 2 ~3 个操作人员到厂家实验室进行现场培训），解决操作中出现的实际问题。

六、水质检测车　1 辆

1. 具有一定越野性能，内有 2 ~4 个座位。

2. 能平稳宽松的搭载水样冷藏箱、便携式水质检测箱进行现场采样及检测，厢式面包车。山区的县（市、区）可根据实际情况，采购四驱汽车。

3. 便携式水质检测仪器箱，内装检测设备主要为：浊度、色度、余氯、二氧化氯、臭氧、pH、电导率、温度等指标的便携式检测仪及其检测试剂、移液器、量筒、烧杯等。

关于开展2016年度农村饮水安全工程水质检验省级抽检工作的通知

（省农村饮水管理总站　皖农饮〔2016〕22号）

各市、县（市、区）水利（水务）局：

为落实《水利部关于进一步强化农村饮水工程水质净化消毒和检测工作的通知》（水农〔2015〕116号）、《水利部办公厅关于加强农村饮水安全工程质量管理工作的通知》（办农水〔2015〕149号）精神，经研究决定开展2016年度农村饮水安全工程水质检验省级抽检工作。现将有关事项通知如下：

一、抽检范围

1. 2015年年底前建设的规模以上农村饮水安全工程。
2. 水源水、出厂水和管网末梢水。
3. 覆盖所有地级市。

二、抽检方式

在县级水行政主管部门见证下，在农村饮水安全工程水源地或供水工程现场采样。

三、现场采样

（一）采样时间

集中采样，7月初至8月底，具体时间另行通知。

（二）采样方法

1. 采样人员由我站联合有资质的检验单位共同组成，现场采样人员不少于3人。

2. 采样前向被抽检县（市、区）出示《安徽省农村饮水安全工程水质检验省级抽检通知书》和采样人员的有效证件，告知抽检方式、采样方法、检测和判定依据等。

3. 采样人员现场填写《安徽省农村饮水安全工程水质检验省级抽检采样单》（简称《抽样单》），由采样人和现场见证单位有关人员共同签字确认，并现场封样。

四、工作要求

各地要支持和配合省级抽检工作。县水利（水务）局应协调运行管理单位，做好现场采样、样品确认、样品封存等工作，保证此项工作顺利开展。

五、联系人及联系电话

联系人：杜运成　汪涛
联系电话：0551-62128164/62128225

2016年6月21日

附录

农村饮水安全工程有关标准、规范目录

1. 《生活饮用水卫生标准》（GB 5749—2006）
2. 《地表水环境质量标准》（GB 3838—2002）
3. 《地下水质量标准》（GBT 14848—93）
4. 《村镇供水工程设计规范》（SL 687—2014）
5. 《农村饮水安全工程实施方案编制规程》（SL 559—2011）
6. 《村镇供水工程施工质量验收规范》（SL 688—2013）
7. 《村镇供水工程运行管理规程》（SL 689—2013）
8. 《单光束紫外可见分光光度计》（GB/T 26798—2011）
9. 《双光束紫外可见分光光度计》（GB/T 26813—2011）
10. 《原子吸收分光光度计》（GB/T 21187—2007）
11. 《原子吸收分光光度计》（JJG 694—2009）
12. 《原子荧光光谱仪》（GB/T 21191—2007）
13. 《气象色谱仪检定规程》（JJG 700—1999）
14. 《离子色谱仪》（JJG 823—2014）
15. 《生活饮用水标准检验方法总则》（GB/T 5750. 1—2006）
16. 《生活饮用水标准检验方法水样的采集与保存》（GB/T 5750. 2—2006）
17. 《生活饮用水标准检验方法水质分析质量控制》（GB/T 5750. 3—2006）

18.《生活饮用水标准检验方法感官性状和物理指标》(GB/T 5750. 4—2006)
19.《生活饮用水标准检验方法无机物非金属指标》(GB/T 5750. 5—2006)
20.《生活饮用水标准检验方法金属指标》(GB/T 5750. 6—2006)
21.《生活饮用水标准检验方法有机物综合指标》(GB/T 5750. 7—2006)
22.《生活饮用水标准检验方法有机物指标》(GB/T 5750. 8—2006)
23.《生活饮用水标准检验方法农药指标》(GB/T 5750. 9—2006)
24.《生活饮用水标准检验方法消毒副产物指标》(GB/T 5750. 10—2006)
25.《生活饮用水标准检验方法消毒剂指标》(GB/T 5750. 11—2006)
26.《生活饮用水标准检验方法微生物指标》(GB/T 5750. 12—2006)

图书在版编目(CIP)数据

安徽省农村饮水安全工程文件汇编/孙玉明主编．—合肥：合肥工业大学出版社,2016. 12

ISBN 978-7-5650-3211-0

Ⅰ．①安…　Ⅱ．①孙…　Ⅲ．①农村给水—饮用水—给水工程—文件—汇编—安徽　Ⅳ．①S277.7

中国版本图书馆 CIP 数据核字(2016)第 324492 号

安徽省农村饮水安全工程文件汇编

孙玉明　主编　　　责任编辑　权　怡　　　责任校对　霍俊樟

出　版	合肥工业大学出版社	**版　次**	2016 年 12 月第 1 版
地　址	合肥市屯溪路 193 号	**印　次**	2016 年 12 月第 1 次印刷
邮　编	230009	**开　本**	787 毫米×1092 毫米　1/16
电　话	编 校 中 心:0551-62903210	**印　张**	15. 25
	市场营销部:0551-62903198	**字　数**	355. 6 千字
网　址	www. hfutpress. com. cn	**印　刷**	合肥创新印务有限公司
E-mail	hfutpress@163. com	**发　行**	全国新华书店

ISBN 978-7-5650-3211-0　　　　定价：50. 00 元

如果有影响阅读的印装质量问题,请与出版社市场营销部联系调换。